做个精致淡雅的
聪明女人

张熙妍◎著

中华工商联合出版社

图书在版编目(CIP)数据

做个精致淡雅的聪明女人 / 张熙妍著. --北京：
中华工商联合出版社，2017.5

ISBN 978-7-5158-1981-5

Ⅰ.①做… Ⅱ.①张… Ⅲ.①女性–修养–通俗读物
Ⅳ.①B825-49

中国版本图书馆 CIP 数据核字(2017)第 079809 号

做个精致淡雅的聪明女人

作　　者：张熙妍
责任编辑：吕　莺　张淑娟
装帧设计：芒　果
责任审读：李　征
责任印制：迈致红
出版发行：中华工商联合出版社有限责任公司
印　　刷：北京高岭印刷有限公司
版　　次：2017 年 8 月第 1 版
印　　次：2017 年 8 月第 1 次印刷
开　　本：640mm×960 mm　1/16
字　　数：290 千字
印　　张：17.5
书　　号：ISBN 978-7-5158-1981-5
定　　价：38.00 元

服务热线：010-58301130
销售热线：010-58302813
地址邮编：北京市西城区西环广场 A 座
　　　　　19-20 层,100044
http://www.chgslcbs.cn
E-mail:cicap1202@sina.com(营销中心)
E-mail:gslzbs@sina.com(总编室)

工商联版图书
版权所有　侵权必究

凡本社图书出现印装质量问
题,请与印务部联系。
联系电话:010-58302915

前言

PREFACE

　　青春易逝,多美的容颜也敌不过岁月,就像是握在手里的沙,攥得越紧,从指缝中流失得就越快。但气质却可在丰满的阅历中不断地提升。从内而外散发出来的成熟气息,是小女孩那种绢花似的漂亮所不及的。

　　我们留不住青春,就要力争做个精致、淡雅、聪明的女人。

—

　　女人想精致就要懂得"包装"自己,女为悦己者容,女人也应当为自己梳妆打扮。在柴米油盐中精打细算的女人,被繁重的家务缠裹得透不过气的女人,最需要花心思善待自己,也最需要好好打扮自己。

　　精致女人化妆要淡雅。妆要上得干净、自然,似有若无才是最高的境界。日妆中,蓝眼影、黑唇膏是万万用不得的,即便是艳红色也要用得小心翼翼。上班前要揽镜细照,看看牙齿上是不是粘有唇膏,再看看眉毛里是不是藏了粉底,精致是讲究细节的,不可粗心大意。

精致女人选择的服装要得体。衣服除了保暖、御寒、遮羞之外，还有一项功能就是扬长避短。服装不在贵贱，得体是首选，然后再考虑其他。穿衣要符合身份、年龄、职业、场合，这样才能穿出品位、穿出个性，不能人云亦云。长裙的飘逸，短裙的简约，牛仔裤的精练，吊带小背心的性感……不管哪一款，适合自己的才是最好的。穿衣要穿出自信来，自信的女人才精致。

精致女人不担心皱纹，她明白年轻和衰老是自然界的规律；她会善待自己，正确地保养身心，勤奋地耕耘，努力地攀登，优雅地笑对老去。

二

女人的淡雅要修炼，就算你没有漂亮脸蛋，但可以有优雅气质，只要你拒绝平庸，拒绝性格上的"粗线条"，收敛一下风风火火、大大咧咧的言行举止，想做一个淡雅的女人并不难。

淡雅的女人同时也是个好女儿、好妻子、好母亲，是同性的闺蜜，是异性的知己，是那种有自信、有内涵、有宽容胸怀、浑身上下充满活力的女人，进退自如、举手投足都洋溢着优雅、智慧和热情。

这样的女人心中充满爱，才会在面对一朵云、一片叶时漾出爱的涟漪，漾出诗情画意。这样的女人，虽然也会为生计奔波，也会在职场竞争，但你从她眼中看不到怨恨，她眼中有的是纯净、雅致和柔情。她爱世间一切可爱之物，珍惜友情、亲情、爱情，心地善良，乐于关心周围的人，让平淡甚至艰苦的生活充满温馨。在忙碌的日子里，她能微笑着面对突如其来的压力和困难，像水一样柔软，花一样绚丽，风一样迷人。

三

聪明的女人爱读书，爱书的女人，浑身流溢着书卷气息，一颦一笑都会透出清丽优雅的气质，犹如一盆芬芳的米兰由内而外散发出沁人心脾的馨香。一个女人如果能抛开尘世烦忧，每天拿出一些时间去读书，那么，她的快乐是不读书的人无法体会的。

聪明的女人即便到了一定的年龄，也懂得如何安排生活、规划人生，她有属于自己的空间，或看书，或听音乐，或去乡间散步，或去看场浪漫的电影。聪明的女人知道怎样充实自我，保有自我。除了自身的完满，也给自己所爱的人以安定、平和、喜悦和浪漫。

聪明的的女人爱过不后悔，不会为一棵树失去一片森林，也永远不会做怨妇。对于逝去的爱情，多了一份缱绻，少了一份蛮缠；多了一份遐想，少了一份妄为。

聪明的女人懂得自尊、自爱，懂得真心的拥有和洒脱的放手，会把更多的理解和爱献给他人。聪明的女人是自立的，经济独立是一切的基础，只有经济独立才能保持自信，把智慧当资本，而不仅靠容貌和青春去保值。

四

一个精致、淡雅、聪明的女人，有着夺人心魄的美。那种伴着迷人眼神的嫣然巧笑、吐气若兰的燕语莺声、轻风拂柳一样飘然的步态，再加上细腻的情感、纯真的神情，都会让一个女子溢出醉人的娴静之味、淑然之气。

拥一份从容、自信，执一份淡泊、清明，掬一腔似水柔情，做个精致、淡雅、聪明的女人！

目 录

CONTENTS

精致：面若桃花，许一世繁华

淡雅：心静如水，人淡如菊

聪明:你若盛开,蝴蝶自来

精 致

面若桃花，许一世繁华

第一章

✳

女为悦己者容，给自己最深的宠爱

✳ ✳ ✳ ✳

珍爱你的容颜，世上没有丑女人

英国作家巴里说："魅力仿佛是盛开在女人身上的花朵。有了它，别的都可以不要；没有它，别的都管不了事。"而女人的魅力源自气质、修养、内涵、才智等方面。俗话说："没有丑女人，只有懒女人。"女人要想魅力四射，就要克服懒惰，活得精致一些。

的确，世界上没有丑陋的女人，只有懒惰的、不会打扮自己的女人。都说三分长相，七分打扮，女人经过适度地装扮，可以展现出与众不同的风采。唯有自我放弃、懒得花工夫打理外表的女人，才是真的和美"绝缘"了。

只要懂得爱惜自己，肯花心思打扮自己，你便可以保持最美的状态。

婚后的艾丽丝外出都是素面朝天，她几乎放弃了化妆打扮，认为自己再怎么收拾也没有用。有一次，艾丽丝下班逛商场的时候，经不住美容院的一个美容师的"忽悠"，进去做了美容护肤。自从结婚生孩子之后，艾丽丝的朋友、同事甚至是家里的亲朋好友见了艾丽丝，不是叫她"小妈妈""黄脸婆"，就是叫她"中年妇女"，半开玩笑的口气弄得艾丽丝很尴尬。慢慢地艾丽丝也认为自己老了，不漂亮了，连化妆的自信都没有了，更别提进美容院做护理了。

这次偶然进了美容院，又是面膜，又是眼贴，又是精油，又是按摩，弄得她都烦了，觉得反正自己都已然这样了，耽误这些时间做什么，还不如回家照顾孩子呢。好不容易做完，一出门，偶遇了一个很久不见的朋友，朋友竟然惊奇地拉着艾丽丝的手说："这么多年没见，听说你都生了孩子了，怎么还这么年轻漂亮啊！"

朋友走后，艾丽丝的心里像吃了蜜汁一样甜。回到家里，老公见到她的第一句话竟然是："老婆，你今天好漂亮啊，简直和刚认识你的时候一样，干净、阳光，很久都没有见你这么美丽了……"艾丽丝赶紧跑到卧室，对着镜子看了又看，发现自己虽然只是在美容院稍微"收拾"了一下，也没有太大的改变，但经过认真化妆好好打理，自己还是很有魅力的。

这件事给了艾丽丝极大的信心，她不再每天早上起床匆匆洗漱后就开始照顾孩子和做早餐，而是提前20分钟，在浴室里仔细地梳洗化妆，然后再仔细地穿衣搭配，从头到脚每一个细节也不放过。

朋友们也发现了艾丽丝的改变，见到她都要夸奖她几句，老公对她的改变更是高兴得不得了。从此，艾丽丝变得越来越自信，也越来越美丽。

女人要相信自己，随着时间的流逝、年龄的增长，美丽不一定会随之消失，但失去自信肯定会使你失去魅力四射的机会。美丽是由很多方面的因素综合构成的，而自信就是其中最为重要的一部分。相信自己的美丽，然后花些时间，用心去呵护自己，你一定也可以拥有美丽。

徐薇和冉琳是中学同学。那时的冉琳是同学们眼中的"花仙子"，是男生魂牵梦萦的"梦中情人"，而坐在冉琳旁边的徐薇则恰恰是"以丑衬美"的"最佳配角"。徐薇有着圆乎乎的小脸蛋，胖嘟嘟的小娇唇，一双乌溜溜的大眼睛灵活地眨巴着，男生们见了她总会打趣她道："小胖妞，今天又带什么好吃的啦？"徐薇便会难为情地扭过脸去。

光阴荏苒，一转眼十多年过去了，昔日的"小胖妞"已经出落成亭亭玉立的大姑娘，在北京的一家大型企业担任高级翻译。优雅得体的装扮，温文尔雅的谈吐，为徐薇赢得了无数的鲜花和掌声，还有一些"慕名而来"的追求者。

春节时，多年未见的中学同学聚在一起，当徐薇和冉琳同时出现在众人面前时，大家都很诧异，当年的"小胖妞"今日变成了淑女，当年的"花仙子"今日却风华不在，这究竟是"女大十八变"还是"岁月催人老"啊？

原来，冉琳初中毕业后念了几年中专就回家嫁人开了家副食店，每天起早贪黑，劳累之中便失去了打扮的雅兴，长长的头发随意用皮筋扎在后边，皮肤整天蒙着烟尘也顾不得擦一把，早上匆匆洗把脸就出门，晚上懒洋洋地擦一擦就睡了。天长日久，再美的容颜也被"摧残"了。

而徐薇则不一样。考上大学后，她意识到外表是女人的重要资本。便开始减肥，每天做大量的运动，并控制饮食。同时，她还注重保养皮肤。考虑到"面子"在事业、人生中的重要性，她还专门"进修"了一下美容课程，一到重要场合，必定"精雕细琢"，闪亮登场。当然，要想有个整体充满魅力的形象，服装也是重头戏。徐薇在这方面也花了不少心血。对美的不懈追求，让她的品位与美容技艺越来越高，通过年年月月的"更新换代"，如今的徐薇走在大街上的回头率颇高。这并不是因为徐薇天生丽质，而是她懂得如何扬长避短，在勤勉的装扮护理中，找到了最能彰显自己的方式。

徐薇通过自己的努力实现了从"丑小鸭"到"白天鹅"的蜕变，生活中像她这样的人还有很多。我们常看电视上明星光彩照人，其中不少人卸了妆也会大变样，她们为何能"傲立群雄""艳冠群芳"呢？因为，没有丑女人，只有懒女人。

因此，没有天生丽质不是你的悲哀，但是懒惰则是你大大的不幸！女人要追求美，就要付出时间和精力，不是要你"一掷千金"地整容购物，而是要你在平时的各个细节上重视自己的形象。即使再忙，你也应该每天抽出时间好好地打扮自己。

选对发型，让美丽从头开始

女性塑造自己优雅、贵气的形象，发型是一大关键。现代形象设计专家认为："形象设计从'头'开始，发型变了，你的形象标识就改变了。"

通常女人喜欢选择变换各式发型，因为头发是女人一个富于诱惑性的外露部分，可以传递和泄露女人很多不可言传的秘密。女性选择和变换发型的原则和目的通常是为了美丽，很多女人年轻时候最大的愿望便是让自己看上去更美一些。

其实这种认识是远远不够的，你可以试着凝视和端详一下另外一个女人，然后想象一下这个女人变换长发、短发、卷发、盘发、染发之后，你对她的感觉，你得到的最直觉的印象并不是美与不美，而是她给你的独特魅力。

发型其实和服饰一样，都是女性最直接的"品牌宣言"，你的品位、个性和追求，都可以通过这些外在因素表达出来。从这个意义上说，女人选择发型是为了美丽，同时也要明白自己最适合什么样的造型，想要彰显什么样的个性。在我们周围，有一些女性会为了让自己看起来更美丽、更惹人注目而频频变换发型，今天是大波浪，明天熨成直板，后来又盘个发髻。其实这样一来，反而会使自己的个人形象模糊不清，渐渐地把自己淹没在大群的"庸脂俗粉"之间。做出类拔萃的女人，你应当学会找到最适合自己的基本发型。

美国前第一夫人、布什的妻子劳拉，也是一位在发型上坚持自己品位的女性。多年来劳拉一直留着一头短发，她说："我像其他的美国妇女一样，手提包里装的只有一支口红、一把梳子和一盒口香糖。"劳拉强调指出："我的棕色头发、蓝色眼睛以及白皙的皮肤已形成了强烈的反差，使我看上去轮廓清晰、五官分明，我喜欢这个样子。"

有人说，女人的头发是一面飘扬着形象和品质的旗帜。一个女人是什么样的人，有什么样的生活主张，通过发型，就可以传递给她身边的人。

成为一个有魅力的女人，是无数女人的梦想。每个女人都能通过合适的发型实现自己的梦想，那么不同的脸型有怎样不同的选择呢？

⊙短发

以前女性留短发会被人看成"男人婆"，现在人们对短发也有了不同的定义，人们会评价一位短发女性优雅而干练。短发也有不同的样式，如果刚好到脸庞，使头发包围脸部轮廓，可以达到完美修饰脸型的效果。中分的短发，可以营造出成熟、冷静的感觉，是职场女性的完美选择。把头发简单地别在耳后，刘海斜着梳，不要太厚重，这是个百搭发型。还有一种是将短发微卷，并将中分的刘海弯曲而自然地顺到两颊前，将脸型修饰得尖尖的，这种发型能体现出时尚的高贵气质。

⊙束发

如果你有一头长发可以高高地束起来，这样既能增加动感，又能提升优雅别致感。你还可以在扎头发之前用卷发棒把头发卷成大波浪，然后用手自然顺直，扎一个低马尾，在后脑勺的位置随意拽出蓬松状。

⊙中长发

一款方便打理、整理有型的中长发，更能增添女性魅力。齐刘海向来都非常有亲和力，也给人更年轻的感觉。穿职业装时，披肩的直发搭配齐刘海，既能展现你的温柔体贴，还不失严谨感。

及肩的中发，虽然没有长发的变化多样，但把发尾向外或向内微微翻卷，也能给人特别自然、清新的感觉，这样的中长发不仅能修饰脸型，也能在视觉上达到"减肥"的效果，对于宽肩者还可以有效调整身材。

⊙盘发

如果头发少或中等长度，既想优雅又想显得更年轻，可以选择梳辫子或盘发。用编辫子的方式收拢面颊两侧的碎发，让发型看上去更加利落、精致，同时达到视觉上增加盘发发量的效果。如果有个别的碎发容易散落，可用发胶或强度定型的啫喱来固定。

选择哪一种发型取决于你的脸部轮廓、身高、气质以及你的社会角色等因素。当然，最主要的参考标准还是你的脸型，下面介绍一些不同脸型的发型搭配，以便于你能选择一款能够替你说话的发型。

标准脸

特征：整体脸部宽度适中，从额部、面颊到下巴线条修长秀气，脸型如鹅蛋。

这是长久以来被艺术家视为最理想的脸型，这样脸型的女人可以尝试多种发型。如果你个性干练，可以将秀发剪短，打造一个帅气的中性短发。如果你的性格温和，可以留一袭乌黑的长发。

圆形脸

特征：从正面看，脸短且圆，颧骨结构不明显，外轮廓从整体上看似圆形。

有这样脸型的女人给人可爱、活泼的印象，并且使人看上去比实际年纪显小。圆形脸比较适合头顶部提高蓬松、而脸部两侧头发稍微拉长或拉低的发型。因为较长的发型会有助于让脸部看来更修长；而头顶区蓬松感的头发会加长脸部的整体线条，让脸型看来不会那么短和圆。

梨形脸

特征：腮部、下巴比颧部宽，整体脸型成梨形。

掩饰腮部大额头窄的缺点，梨形脸的女人比较适合烫发，头发上部分要蓬松，下部分收缩，这样不仅能用秀发遮挡腮部，还可以营造出瘦削的感觉。

长形脸

特征：脸型比较长，横向距离小，脸部轮廓成长方形。

如果你的脸型偏长又瘦窄，可以留厚厚的齐刘海，如此就可以掩盖脸型太长的缺点。脸型过于瘦窄，可以靠两侧头发的卷度来改善，两侧的发根从太阳穴的位置开始就要有蓬松的感觉，这样调整后长形脸就变成瓜子脸了！

菱形脸

特征：面部较为清瘦，颧骨突出，前额与下巴较尖窄。

在做发型时，可将靠近颧骨的头发做前倾波浪，以掩盖颧骨。将下巴部分的头发吹得蓬松一些，避免露出脑门。扎马尾或者高盘发都是不适合的！

方形脸

特征：脸型棱角分明，尤其是腮部骨骼平直有力，两额角发际线后退，与腮部形成方形四角。

将前额的头发斜斜地盖下来，遮掉一角额头，或者整个发型有点波纹，你都可以尝试，不过要注意，如果你的头发比较柔软，就尽量不要贴着头皮，否则给人的视觉印象会更像方形。

如果你的肩膀比较宽厚，最好不要留短发，柔顺的长发可以帮你遮挡这一瑕疵。如果你的臀部过大那就最好别把头发削得很薄。

如果你的头偏偏，要尽量让发型显得蓬松一些。如果你的脸比较宽，卷发的时候千万别从脸颊开始，那样塑造出来的"大饼脸"会使你更糗。

如果你的身高有些矮，头发就不能太长，因为一个人头发的长度是和身高成正比的。个子高、头发短会显得你高一些，个子矮、头发长会显得你更矮。

想要魅力四射是需要花心思的，不要总是固守成规，更不能潦草应付，否则你只能和美丽擦肩而过！

当然，完美的发型不仅要和脸型相匹配，作为完美发型基础的发质，若是出现毛糙、干枯等秀发问题，即使发型再好，也会大大"减分"。

"衣"鸣惊人，成为人群中靓丽的风景

所谓三分样貌七分打扮，可见衣着对人们的影响。对于女人来说，如果风姿绰约、妩媚动人，那么她们所到之处定会迎来一片瞩目和赞美。

很多女人都想做个精致美丽的女人，或优雅美丽，或婉约温柔，或干练帅气，或妩媚风情。每一个女人的心里都想做个千娇百媚的"万人迷"。

服饰是现代女人塑造个人形象的重要标志。对女人而言，一件合适的衣服能令人顾盼生辉，一件不合适的衣服则可能令美女也黯然失色。服饰是影响女人美丑的重要因素。一件合适的衣服穿在身上，会带来妙不可言的效果。

女为悦己者容，女士的穿着打扮不光是为自己，更希望在自己心仪的异性面前有所表现。因此，你需要学习如何穿衣打扮，得体的穿着与配饰，才能衬托出清新典雅的气质。

2008年6月18日，当时的美国第一夫人米歇尔让时装界大吃一惊。在美国广播公司的《观点》节目录制现场，应邀担当嘉宾的米歇尔穿了一条无袖黑白两色太阳裙上场，优雅而自信，立刻引起关注。在节目中，米歇尔毫不隐讳地透露，她的这条裙子是在一家名叫"白宫/黑市"的连锁服装店买的，品牌是唐娜·里科，售价只有148美元。

这套服装虽然很平民化，但是非常适合米歇尔。它展示了米歇尔漂亮的三头肌；而别在左肩裙带上的黑色花束，加上她浓密的睫毛和卷发，让米歇尔显得优雅而有活力，充满了女性魅力。

1.8米的身高，身材修长健美，44岁的米歇尔天生是个模特胚子。不过，要想打扮得体而且引人注目，就需要后天的努力和悟性了。在这方面，米歇尔花了不少时间和心思。早在2005年，她陪丈夫奥巴马参加美国全国有色人种协会第36届嘉奖会时，就引起了时尚界的关注。当时，米歇尔穿了一条曳地绣花晚礼服，说实话，这种礼服虽然很优雅，但是比较传统，不容易穿出彩。不过，米歇尔别出心裁地在手腕上戴了个羽毛状的花色大首饰，并配上一对白色大耳环，马上就使这件经典的绣花晚礼服显得不同寻常。

同一年，米歇尔和奥巴马还参加了由美国著名脱口秀女王奥普拉·温弗瑞主持的一个庆典，主题是嘉奖艺术界、娱乐界和人权领域的杰出女性。在出席那场庆典的女嘉宾中，有不少人穿了白色晚礼服，米歇尔穿的也是一袭白色长款晚礼服。不过，她在脖子上配了一条白色大项链，加上独特的古铜肤色，还是让她在众多白色礼服美女中脱颖而出，成为当晚庆典的焦点。

米歇尔既会穿设计师品牌，也会穿平价服装，并将它们完美地搭配在一起。她最擅长以平价服饰搭配精品配件，走出一条更加实际的时尚路线，引来无数人争相仿效。

女人穿衣，是一种选择，一身得体的穿着不仅可以让女人显得更加美丽，还可以体现出一个女人独特的魅力。穿着不仅体现着一个女人的审美情趣，更是一个人气质和内在素质的无言的名片。穿衣得体能够充分展示出她们迷人的身材。会穿衣服的女人，能将衣服穿出女人味，使自己看上去更加完美，更加迷人。

衣服是人的"第二皮肤"。对女性来说，无论是衣服的造型还是制作，都要追求独具匠心，体现自己的个性风格。

兰丝丝不仅是丈夫眼里的大美女，更是单位里很抢眼的一道风景线，走到哪里都是众人目光追逐的焦点。和其他女人不同的是，追随着兰丝丝的目光多来自女人。

通常男人看女人，会注意这个女人是高是矮、是胖是瘦、是白是黑、是美是丑，但女人看女人就不一样了。她们第一眼通常是看对方穿什么衣服、什么鞋子，然后会观察她是否佩戴手链、耳钉之类的小配饰，最后会观察她的妆容，至于相貌等问题，可能会大略地看一眼，也可能就忽略了。

兰丝丝每次一出现，总是把人的眼球牢牢地吸引住，因为她的穿戴总是那么让人赏心悦目。比如，冬季刚到，在这个南方的都市，还没有多少寒冷萧瑟的感觉，可人们却提前进入了冬季。女人们赶时髦般穿上了各式各样的大衣，有的甚至穿上了厚厚的羽绒服，有的还穿着雍容华贵的皮草。

兰丝丝穿得没有那么夸张，她一直认为自己是比较保守的人，从来都不会用那么超季节的打扮去哗众取宠。她仅仅穿了一件淡蓝色的风衣、一双过膝的靴子，很符合这个季节的天气和色调。

当她一出现，那件蓝色的风衣便让她从周围或长或短的外套、裙子和靴子中脱颖而出，异常醒目地一下子就撞入了众人的眼帘。

那是一件做工精良的风衣，除了腰间一根长长盘绕的腰带别无任何装饰，但因做工的精致和选料的用心，长长的风衣没有一点褶皱，下摆是飘逸的淡蓝的色调，没有冰冷的感觉，反而添了几分温暖。

另外，合体的蓝风衣还让兰丝丝显露出了苗条的身段。风衣下摆露出黑色的靴子，不是晃人眼的漆皮，只是一般的羊皮靴子，看起来连款式也很普通，没有一点张扬的味道。

可细心的女人很快就能从这普通之中发现它的不普通之处。一阵秋风吹过，风衣被吹动着，悄然露出靴子上部的流苏，同样是与靴子质料相同的软羊皮，这正是当下流行的服装元素之一。原本飞扬跋扈的流苏在兰丝丝沉静的映衬下，不但少了那种咄咄逼人的意味，反倒增添了些许灵动和飘逸。

兰丝丝是全单位公认的会穿衣的女人。就像许多有品位、有风格的女明星一样，兰丝丝总是精心地选择质地最优、最合身的衣物。当然，这些服装不一定要价格昂贵，但一定要最适合自己。她有时也会买名牌，只要是心仪的就绝不吝啬。

就是这些精心挑选的衣服，经过巧妙地搭配，使兰丝丝成为职场中的亮丽风景，很多女同事都喜欢模仿兰丝丝的穿戴。大方得体、超群出众的衣着不仅让她的丈夫对她赞不绝口，更让兰丝丝成为单位潮流引领者。

衣着打扮并不神秘，只要肯留心，任何人都能掌握最基本的要领。我们平时所讲的"风度"，就是内在气质与外在表现相互衬托、彼此辉映的结果。女人要穿出自己的风格，因为有了风格，你的体貌特征才能与服饰出现规律性的结合，给你的形象加分。有风格的女人通常很自信，风格是个人独特的标签，别人可以羡慕，却无法效仿，这样，你就可以成为时尚独立的载体。

没错，女人穿衣就要有自己的风格。每个女性都有属于自己的品位与个性，选择适合自己的服饰，学会穿衣打扮，塑造最迷人的外表形象，是聪明女人生活中一件重要的事情。

恋上一双鞋，活出一分精致

曾听过这么一句话："每个女人都应该有一双属于自己的高跟鞋，因为这双鞋会带你到最美好的地方。"女人的魅力有相当一部分来自高跟鞋的装饰，它使女人婀娜多姿、风情万种。这就是为什么女人一回家就甩掉高跟鞋，直喊脚疼，出门时却又照穿不误的谜底。虽然现在有各式各样的鞋可供女人选择，有很多鞋轻便、随意又不乏美感，但女人对高跟鞋却情有独钟。

童话故事里，灰姑娘辛格瑞拉那双遗落在皇宫台阶上的水晶高跟鞋，为她带来了美好的爱情。

据说，高跟鞋原本不是女性的专利，却是男人的最爱。17世纪中期，法国国王路易十四由于身材矮小，他总觉得自己的身高与自己的地位比例不相符，便绞尽脑汁让自己的身高和威望成正比，最后终于想出了一条"妙计"：在自己的鞋上做手脚，即把鞋跟垫高几厘米。后来，"天机"泄露，朝廷里的达官贵人纷纷效仿。路易十四无奈，多次把鞋跟加高，但物极必反，鞋跟到了一定高度后，便不适合日常穿着，最后高跟鞋被男人抛弃。不料女人却开始青睐高跟鞋，并把高跟鞋发扬光大，成了当今女性追求的时尚。因此，要品味女性的美，就先从高跟鞋开始吧！

当你把穿高跟鞋的女性和不穿高跟鞋的女性作比较后，会发现穿高跟鞋的女性的独特之美。女性穿上高跟鞋更显亭亭玉立、高雅脱俗，因为高跟鞋那美妙的线条和各种艳丽的色彩把女性衬托得更为妩媚婀娜，而穿上高跟鞋的女性走起路来很富于节奏美，胯部一摇一摆，随着高跟鞋的舞动，显得曼妙轻盈。有人说，高跟鞋是鞋中的美女，一点不假，美女配美鞋，满足了女人的爱美之心。

事实上，女人优美的姿态，很大程度上与鞋子紧密相关。穿平底鞋与穿高跟鞋走路，给人的感觉是完全不一样的。不管你是否喜欢穿高跟鞋，一旦穿上它，因为要平衡身体的重心，你会不由自主地变得挺拔起来。你要适当地收紧小腹，伸直膝盖，将重心自然地从脚跟过渡到脚尖，让步履尽量轻盈一些。如此一来，走路时自然会变得婀娜多姿。因此，即便个子偏高一点的女性，出席正式场合也可以选择稍有高度的鞋子。

鞋的选购和使用很重要，既要耐穿、符合个性，还要注意与衣服的配搭。一个有魅力的职业女性，至少得有几双能够穿得出去的鞋子。其中要有几双适合各季、适合搭配三种自己常用色彩的正式套装的鞋，3~5双晚会鞋、3~5双休闲便鞋、2~3双运动鞋，还应根据喜爱的运动项目选择适宜的专业运动鞋。如果你喜欢旅游、徒步旅行，还得特别准备心爱的旅游鞋或登山鞋。运动休闲使人放松和快乐，穿上心爱的鞋，心中会充满更多的快乐和喜悦。

买鞋时要根据自己的经济能力来挑选鞋子。但要注意，用于正装的鞋至少得有1~2款是知名品牌或品质非常好的。价格高昂的皮鞋不仅贵在牌子上，而且做工精细。高品质的鞋通常是手工制作的，制作者缝合时小心翼翼并且力求每道工序都尽善尽美，这会延长鞋的使用寿命。意大利的纯手工定制鞋，要经过多达300多道繁复工序，充分考量了人体工程学与力学原理，价格高昂是有道理的。

不管你是否消费得起那些昂贵品牌，你都应该对它们有所了解和学习，正如你不可能拥有所有的名车、古董、珠宝，但你可以鉴赏和熟悉它们，这是一种修养和品位。每一个名牌都传承了特定的文化，凝聚了经典元素，可以陶冶你的情操，提升你的品位。

穿上一双高品质的鞋子，你会拥有寻找与之相匹配的高品质生活的自信与动力。从现在开始，给自己买一双好鞋，穿着它，去你想去的地方。

那么，一个女人如何用鞋子引领时尚呢？

1.鞋跟抢风头

鞋跟的变化，不只在高度上，材质与形状也各有特色，有的以民俗色泽与宝石增添贵气，有的则放上可爱糖果、立体小花或圆点点，讨好女生。

2.小圆头鞋最时尚

优雅的包脚鞋、露趾鞋、小圆头鞋如今成了各种场合的通用款。其中可爱偏圆的楦头，前面让脚趾也能透气的几何线条的镂空设计最为出众。前几年流行一时的小圆头式样又重新流行起来，成为时尚的宠儿，款式轮廓虽然复古，可鞋面的装饰却一点也不老气，绚丽的色彩，充满春天的朝气。

3.脚踝系带鞋最性感

脚踝系带鞋几乎每年春季、夏季都会出现，而每年关键是在细微的系法差异上。流行的系法是把缠绕的饰品通通都堆积在脚踝附近，以增加美感。另外，缠绕的材质更为丰富，在脚踝层层裹上皮革、棉布、彩色丝带、细绳、金属等，都是时髦的举动。

4.夹脚拖鞋受追捧

早在20世纪70年代，质朴平实的夹脚拖鞋就开始流行起来。到了今天，夹脚鞋更是时尚"变身"，成了女性青睐的对象。而单纯的两道鞋夹脚拖也玩出了更多花样，衍生出套趾鞋等。

鞋的颜色应该与服装的颜色协调一致。比如说穿冷色调服装的时候，鞋的颜色应该选用黑色、灰色或者蓝色。穿暖色调服装的时候，鞋的颜色应该选用紫红色、土红色、棕色、米色等。穿浅色服装大多用浅色的鞋，深色服装穿深色的鞋。如果鞋子上有水晶、纽扣等配饰，要与服装的整体风格相协调。比如，上身的衣服已经很鲜艳了，鞋子的装饰物太多反而不够典雅。

原则上来讲，穿什么式样的衣服，就应该穿相应式样的鞋，比如穿西服套装的时候，尽量还是要穿皮鞋。如果是西裤，穿再漂亮的凉鞋也不协调，凉鞋通常用来搭配裙子。正式场合是不提倡穿凉拖的，再美丽也不礼貌。冬天穿裙子的时候可以配长靴，但是一般来讲，如果是正式严肃的场合，靴子上的装饰物越少越好，因为有的时候简单也是一种美，而且还是一种更知性的美。如果是去郊外远足，休闲鞋子和休闲衣裤的搭配就显得很动感很时尚了。如果一定要穿旅游鞋的话，还是穿运动服或者牛仔裤好一点。至于鞋跟的造型最好和裤脚的大小相搭配，如果是穿喇叭裤，鞋跟方一点、粗一点显得洒脱；如果穿纤细的西裤，最好还是穿窄跟鞋，因为更能突出女性的柔美感。

除了特意搭配某些衣服的鞋子需要特别的颜色，大体上你只需要三种颜色，几乎就可以搞定全年的搭配。

黑色：黑色比较百搭，必备鞋款当然是春季、夏季穿用的黑色高跟凉鞋。

红色：看似突兀的红色高跟鞋其实非常有"眼缘"，在一大片黑黑灰灰的鞋子中，色彩的出挑可以大大增加你的魅力指数。建议你在冬天购入红色的尖头短靴，在夏季必备红色的露趾高跟凉鞋，你会发现，这两双鞋子能轻而易举地为你搞定很多时髦的搭配。

驼色：驼色是最基本的色彩，但它同时也是很摩登的颜色。而且，驼色在秋季、冬季和春季、夏季都有不俗的表现，根据不同的搭配也可以塑造出或摩登、干练或文静的气质，可以自由穿梭于不同的时空。建议购入秋季、冬季必备的驼色长靴，简直是百搭之款。

包包，女人精神世界的另一个"闺蜜"

有人说，包包与高跟鞋是最能体现女人品位的气质单品，所以一个好的包包，比一件好的衣服更重要！

对于女人来说，出门总少不了带个包，包包是女人的救星，让她们变得更加完美。在注重装饰的今天，女人的包包远远超出了它的实用价值，成为女人整体形象的重要组成部分。

女人和包包往往像一对情人。每过一个店铺，五颜六色形态各异的包包总会让女人驻足长叹。每一次的惊喜、每一次的更换，弄潮般地冲击着女人的心口。

包包能体现女人味和她们的生活品位，是搭配服饰的最佳饰品。对女人来说，一款精心搭配的包包流露着她们对生活品质的追求。女人的衣柜里，必不可少的就是大小不一的手提包。在选择时，除了颜色尽可能地与自己的衣服搭配，大小材质上，也要尽可能地凸显品位，体现女性气质。如果你穿着一套风格朴素的服装，却挎着装饰华美的皮包，则会有一种喧宾夺主、"只见皮包不见人"的感觉；相反，如果你穿一身华美的丝绒旗袍，却提着一只塑料网袋，则会令形象大减。

女人的单肩包多数具有公文包的作用。作为出入办公室的职场女性，选择时应该以真皮包为主，款式有多种，色彩以深色调为主，携带方式有拎、背、挟等；包里面通常应该有两三个暗袋，可放钞票、钥匙、化妆品等。

包包的大小，有时也能泄露女人的秘密。女人在包包中寻求安全感，包包就像贴身伴侣，随身带着它，心里才有一份可依赖的踏实感。当女人从家里走进外面广阔世界的时候，包包可以给她们某种情感依托。在某些场合，提包还可以帮助女人缓解内心的紧张和不安。

皮包与戒指一样，与人的身高没有绝对关系，绝非人长得高大，皮包就要大一点；反之，娇小的人包就要小一点、秀气一点，这是非常大的误区。包的大小理应根据衣着的风格、场合、个性来决定，这才是更明智的！穿金戴银在以往是一种有钱及权力的象征，但在现代社会里，在不适当的场合，打扮得过度华丽反而会产生一些负面效果。所以，在包包的选择上，应该以"大小均有"为原则，能适用于日常、晚宴等不同场合为最佳。

女人的包包能反映出她的生活状态，看女人的包包，就能判断出她是一个怎样的女人。包包是女人拎在手里的精致，包包是否精致体现了女人对生活的态度。

包包是女人最为实用的饰品，也是个性和审美最富有张力的表现手法。包包可以作为服饰的一种强有力的补充，服饰中的一些缺憾和不足，可在包包中得以弥补。包包还可以作为形体的一种协调和补充，比如过胖的体型限制了服饰的选择余地，便可以选择高品质或流行时尚感强的包包，以起到最好的弥补作用。

包包与人是相伴同行的，包包能够体现出女人的生活态度和理念，暗示出消费心态。是否选择名牌，选用何种质地，选择何种造型、色彩、成色以及保养程度，是需要用心设计和定位的。

包包的美可用多方面来表现，表现的点主要有外形、质地、包带、配件、挂件、图案等。不同质地的包包，有不同的形象立体感，表面的纹理和光泽还会强化包包的立体形象感，所以有"远看其形，近看其面"的说法。

包包的造型具有较强的个性与职业取向，职业女性可选择轮廓分明的方形或长形包包，这与线条分明的职业装相吻合，强化了职业女性的严谨和端庄。社交包包则应突出女性的不同风采。选购包包不但要考虑外形款式，还要考虑到提带的款式，背、挎、提、夹都与服饰整体效果和女性个性有着密切关系。

完美的嘴唇是女人的"第三只眼"

你是不是觉得，随身带着润唇膏，感到嘴唇发干的时候拿出来擦一擦，就算对你的樱唇"仁至义尽"了？其实不然，对于嘴唇，你能做的还有很多很多……虽然我们没有像安吉丽娜·朱丽那样性感的双唇迷倒众生，但只需要在小小的两片红唇上多下些功夫，一样可以让你的娇唇富有光彩。

1.让双唇质感更滋润

艳阳高照的夏日，你早已涂上厚厚的防晒霜，可是你有没有把你随身携带的润唇膏也换成防晒的呢？要知道，嘴唇比身体其他部位更容易被紫外线伤害！与身体其他部位的皮肤相比，嘴唇上的皮肤的厚度只有它们的三分之一，极易被紫外线灼伤而受损。因此嘴唇是季节变化的"超感体"，空气中的水分每增减一分，它都会最先感受到。

我们平时很多不经意的小习惯会使嘴唇受到严重的伤害，比如舔嘴唇，你以为这样就可以使嘴唇得到水分的滋润，从而减轻干裂症状吗？

其实，这个动作只能带来短暂的湿润，当水分蒸发时会带走嘴唇内部更多的水分，结果是越舔嘴唇越干。又比如，双唇干裂后一般会起皮，这个时候你可千万别用手撕扯，而是应该将润唇膏敷在嘴唇上面，然后用热毛巾覆盖，再用指腹轻轻按摩双唇，这样可以加速唇部血液循环，使双唇变得润泽。

如果起皮现象特别严重，你可以用棉花棒蘸热水后涂在嘴唇干燥脱皮的地方，停留两三秒，那些死皮就很容易被搓掉了。缺水是导致唇纹涌现与嘴唇干裂的主要原因，长时间在空调环境下工作的人，水分往往在不知不觉间流失。所以不要等到口渴了再想起喝水，平时就要勤喝水。

2.让双唇色泽更诱人

你被黯淡的唇色困扰过吗？漫长夏日的暴晒、经常化妆而卸妆不彻底，这些都有可能让你的双唇颜色黯淡。多吃含有丰富维生素的蔬菜和水果，还可适量服用维生素片，这些都可以帮助你改善唇色暗沉。此外，要注意选择嘴唇专用的卸妆产品，按嘴唇的纹理进行彻底清洁。

"美容大王"大S在她的书里也介绍了淡化唇色的一个小秘方：用适量珍珠粉调和大量润唇膏，然后涂在嘴上，保留15分钟左右，据说可以有效地减淡唇色，同时珍珠粉是养颜圣品，还能起到保养的效果。

3.让唇部保养成为习惯

嘴唇保养不用天天做，不过如果你能够坚持每周做一次嘴唇保养，它一定会还你一个惊喜。在做嘴唇护理之前需要准备好一条干净的毛巾、凡士林、唇膜（可以用剪成嘴唇形状的保鲜膜代替）、润唇膏和软毛刷。把干净的毛巾在热水中浸湿，用热毛巾敷在唇部约5分钟，可以软化唇部的角质层，让嘴唇更有效地吸收营养。在唇部厚厚地涂上一层凡士林，然后用软毛牙刷轻轻擦拭唇部，祛除老化角质层，促进唇部的新陈代谢。

接下来做的是唇部按摩，将凡士林抹在嘴角，以中指及无名指指尖，由上唇中央沿嘴巴轻按至下唇中央，重复动作5次。按摩可以进一步促进唇部皮肤对营养的吸收。最后，再敷上唇膜，如果没有唇膜，可以在嘴唇上涂上一层厚厚的润唇膏，然后把保鲜膜剪成嘴唇的形状，敷在嘴唇上，再用热毛巾覆盖，这样唇部皮肤可以更充分地吸收到营养。15分钟后用湿纸巾将嘴唇擦干，然后再涂上润唇膏。

4.让细节更精致

（1）晚上刷完牙后可以轻轻地用一把干牙刷在嘴唇上移动，或用手指按摩唇部周围，这样可以刺激血液循环，收紧嘴部轮廓，防止肌肉松弛。

（2）如果你实在没有时间进行嘴唇保养，也可以利用热蒸汽来对付嘴唇角质和翘皮。用蒸汽毛巾热敷可以把小翘皮和细小的皱纹轻松地搞定。

（3）蜂蜜中含有的天然保湿成分十分适合滋润和保护唇部。如果嘴唇感觉干燥，可以将蜂蜜薄薄地涂在嘴唇上，同时涂抹在嘴唇周围的皮肤上，然后用手轻轻拍打，促进吸收。

（4）防止唇部干燥脱皮最简单又经济的方法就是涂抹凡士林，将沾满保湿化妆水或保湿精华液的化妆棉贴在唇部也是一个好办法。如果没有唇部专用的护理品，用眼部产品来代替，效果也很不错，因为眼睛周围的皮肤和唇部一样十分敏感，所以眼部产品无刺激性的特性也很适合唇部。

（5）挑选含有金盏草及甘菊精华成分的润唇膏，这两种成分能舒缓干裂的双唇。

（6）橄榄油也可以用来滋润嘴唇。你可以在睡前把橄榄油薄薄地涂在嘴唇上，过15分钟后擦去，滋润效果很不错。不过要注意擦干净，不要把它弄到枕头上。

呵护健康，才能永葆青春

健康是人们永恒的主题，因为一旦失去健康，再先进的高科技都很难使受损的机体恢复到原来的状态，就像一张白纸，揉过之后怎么也不可能和原来一样。

一个年轻人因为自己的贫穷悲伤不已。一位八旬老翁对他说："小伙子，不要悲伤，你至少有100万元，只是你自己不知道罢了。"小伙子很奇怪，问道："我怎么会有100万元呢？"

老翁反问："我剁掉你的一根手指，给你1000元，你干不干？""不干！"小伙子毫不犹豫地说。"要是我砍断你一条腿，给你1万元，你干不干？"老翁又问。"不干！"小伙子照样斩钉截铁地说。"那要是让你立刻变得像我这么老，给你10万元你干不干？"老翁再次问道。"还是不干！"小伙子回答。"要是给你100万元，你立刻就得死掉呢？"老翁最后问。"那怎么能行？"小伙子答道。"是啊，就算你有100万元，如果你没有健康、没有生命，钱对你来说又有什么意义呢？记住：如果你有100万元，那么你的健康就是前面的'1'，没有它，后面再多的'0'也没有意义。"

　　如果失去了健康，再多的钱又有什么意义呢？高尔基说："健康就是金子一样的东西。"呵护身体，要从补充营养开始，通俗来说可分为四个步骤：吃好、锻炼、休息、保养。

　　"吃好"并不是说要给自己的身体补充什么特殊的营养。所谓"吃好"就是营养要全面，无论是维生素还是其他的微量元素，都要充足。

　　不要挑食，不要刻意节食，尽量少吃那些反季节蔬菜，而应该多吃当地、当季盛产的蔬菜，比如说大豆、花椰菜、胡萝卜、白菜等。这些蔬菜能为我们的身体提供大量的能量。

　　"吃好"还包括要吃好主食。主食包括面、米饭、粗粮等。身体需要的微量元素很多都是从一些粗粮中摄取的，如维生素、微量金属元素等。另外，还要多吃水果。水果既能为身体补充水分，又能补充身体所需的维生素C。

　　做到"吃好"重要的一点是要按时进食，不能饥一顿、饱一顿的。对于那些要减肥的女人，更要提醒一句，节食不是减肥的好方法，相反，如果你的身体处于一种饥饿状态，那么它就会自动将一切能转化成脂肪的能量转化成脂肪。

　　除了要吃好，还要积极进行锻炼。不能"三天打鱼，两天晒网"，要坚持到底。如果每周能坚持至少三次运动，你的体质就会大大地增强，运动还能减少脂肪、预防疾病、缓解压力和紧张感。

锻炼身体，首先要选择适合自己的运动。不能强度太大，伤害了身体；也不能强度太小，达不到锻炼的效果。

锻炼身体并不一定要在健身房里进行，我们随时随地都可以进行锻炼。比如，少乘一次电梯，而选择走楼道；选择骑自行车去郊游，而不是开车去；在晚饭过后和一家人出去散散步，而不是窝在家里看电视或者上网……要知道，运动随时都可以进行，不是只有在健身房和健身器材接触的时候才是运动。

资料显示，那些不经常锻炼的人在晚年得病的概率远远超过经常锻炼的人，如果你经常锻炼，那么得病的概率将下降30%。

锻炼之后需要休息。休息对于身体来说不仅是一件好事情，更是一件必要的事情。每个人都知道要休息好，否则没有精神。可是现代社会谁又能真正休息好呢？为了工作，为了应酬，每天早出晚归，把自己搞得筋疲力尽。

有的人可能会说，趁现在年轻，拼搏几年，到时候再好好休息。乍听起来这样的话很有志气，可是仔细想想，这样的生活方式是不可取的。一般来说，35岁以后，即便是非常健康的人也可能会因为压力和焦虑形成睡眠问题。因此为了能使自己保持良好的状态，足够的休息是很有必要的。

按时睡觉、安心睡觉、争取周末、争取一切休息的机会，而不是把空闲时间花在网络或者购物上面。

呵护身体的最后一个步骤是保养。

很多人的身体其实并不需要特别的保养，但前提是你一直以来都善待它。就像一台机器，只有平时善待它，它才能将自己的效率提高到最大，并且尽可能地不出现故障。

有的人不注意保养自己的身体，甚至连最基本的例行体检都没有，等到发现疾病的时候已经是晚期了，即便医学再发达，也挽回不了健康。

关注健康，拥有健康，才能享受幸福美好的生活。

1.一天两杯白开水

女人是水做的，充足的水分是女人健康和美容的保障。女人若缺水，就会使身体过早衰老，皮肤因缺水而失去光泽。女人的新陈代谢慢，消耗也低，因此女人如果喝水比较少，就会使身体和皮肤的问题同时出现。

女人每天至少喝两杯白开水，早晚各一杯。早上的一杯可以清洁肠道，补充夜间失去的水分，晚上的一杯则能保证睡觉时血液不至于因缺水而过于黏稠。血液黏稠会加快大脑的缺氧、色素的沉积，使人过早衰老。

2.一片多种维生素复合片

为了减肥而节食的女人在现代社会中比比皆是，节食难以保证身体获得充足的营养。所以，每天补充必需的维生素和微量元素。

女人年龄超过30岁时，为延缓衰老，维生素C、维生素E是必须补充的，可以选择"维生素E维生素C合剂"。它们可以中和侵袭人体皮肤组织的自由基因，对皮肤起保护作用。为了防止骨质疏松，女人30岁开始就应该每天服用一定的钙剂，以乳酸钙、柠檬酸钙为佳。

3.一杯醋

醋在女人生活中发挥着非常重要的作用，每日三餐中摄入的食用醋可以延缓血管硬化的发生。除了饮食之外，在化妆台上放一瓶醋，每次在洗手之后先敷一层醋，保留20分钟后再洗掉，可以使手部的皮肤柔白细嫩。如果自来水水质较硬，可以在洗脸水中稍微放一点醋，就能起到很好的养颜护肤作用。

4.一杯酸奶加一袋鲜奶

女人比较容易缺钙，而牛奶中含钙量很高，其补钙效果优于很多种食物，特别是酸奶，更容易被人体吸收。所以，女人应每天保证喝一杯酸奶。另外的一袋鲜牛奶，则是为美容准备的。

如果每星期能够选一天去做个"桑拿浴"，蒸去皮肤表层的脏东西，其中牛奶就是最便宜又最有效的美容面膜。在桑拿室中蒸10分钟后，用鲜牛奶涂抹全身保留半小时，待洗浴结束后再冲掉，经过牛奶浴的皮肤会明显地细嫩起来。

5.一瓶矿泉水

矿泉水中含有的微量元素和矿物质是皮肤最需要的。清洁脸部后仰卧，用矿泉水浸湿一块干净的纱布，然后敷在脸上，等到纱布变干后再次浸湿。如此反复进行，就等于给面部做了一次微量元素的营养补充。

6.一袋茶叶

对于那些想要减肥的女人来说，茶是最天然、最有效的减肥产品，其中以绿茶和乌龙茶最好，再没有什么比茶叶更能消除肠道内淤积的脂肪了。另外，便秘的女人可以每个星期饮用二至三次缓泻茶，保持大便通畅，是女人保健的关键。

7.一个西红柿或一片维生素C泡腾片

在水果和蔬菜中，西红柿是维生素C含量比较高的一种，女人每天至少应保证摄入一个西红柿，以便满足一天所需的维生素C。如果因各种原因办不到，则至少要每天喝一杯用维生素C制成的泡腾片饮品。要注意，泡腾片溶解后要立即喝掉，否则其氧化的速度很快，水中的维生素C就会失效。

8.一个简单的面膜

在每天晚上临睡前，女人应该做一个简单的面膜。面膜的作用就是将沉积在面部的脏东西消除掉，给皮肤做一次彻底的清洁，然后涂上护肤品，从而使晚间的皮肤得到很好的修复。

如果你发现以前太忽视自己的身体了，那么从现在开始，就用心呵护你的身体吧。

第二章

❀

刹那芳华尽，优雅韵味长

❀ ❀ ❀ ❀

你缺少的不是美丽，而是独有的气质

生活中，很多女人容貌美丽，却让人感觉不到她们有任何吸引人之处；有的女人姿色平平，却有着一股吸引人的魅力。这就是气质的魔力。有气质的女人风情万种，走到哪里都能吸引人们的目光和注意，获得人们的肯定和赞许。

如果说容貌有形，气质则是无形的。它是一个人内在修养的外在表现，青春的容颜是短暂的，气质却是长久的。气质是每个人相对稳定的个性特点，每个人的习惯、个性与内在修养不同，因而气质也不一样。但无论你从事何种职业、处于什么年龄，只要你拥有丰富的内涵、良好的素养和修养，你就能拥有独特和高雅的气质。没有良好的内在修养，一个女人容貌即使再美也会黯然失色，而许多相貌平平的女子，因为有了高雅气质的衬托，显得越发神采飞扬、风韵动人。

张曼玉刚刚出道的时候，默默无闻。后来张曼玉拍了很多作品，给人留下了深刻的印象。

后来，经历过人生的风雨之后，张曼玉懂得了，明星只是一时，而演员才是永远的。有了这种意识后，张曼玉懂得珍惜更多朴素的东西，从而变得更加豁达，更加深刻，逐渐散发出一种让人难以抗拒的魅力。

正是这样从内而外的气质的升华，使张曼玉成为炙手可热的明星。1991年的《阮玲玉》将她送上了事业的巅峰。在后来的《人在纽约》（又名《三个女人的故事》）中，张曼玉出色的表演令她迅速走红，成为耀眼的明星，也为她赢得了人生中的第一个奖项——第27届台湾金马奖"最佳女主角"奖。她在戏里戏外都是有吸引力的女人。她那惟妙惟肖、出神入化的表演让她"浑身都是戏"，把人引入到故事情景中，仿佛就是发生在人们身边的故事。这正是张曼玉的气质带给人的心灵的震动。

当她从镁光灯下走出之后，我们看到了那个真实的张曼玉，身上兼有东方的素静神韵与西方的明艳光彩，从无虚饰与矫情，自然流露出清澈而深沉的内在气质。

2003年，随着张艺谋的大片《英雄》在全国热映，人们看到了一个在大漠风沙中明艳逼人的张曼玉。人们不由感慨她风采依旧，年龄不但没有成为她演艺事业的障碍，反而成为她征服越来越多观众的内涵与气质。

张曼玉的气质来源于内心自我的清醒、独立的认识，岁月沉淀下来的苦涩与神韵让她完成了气质的升华。银幕下的张曼玉无论在任何场合都是沉静的、微笑的，淡妆素服，很少打扮得浓艳。她从不在媒体面前张扬，只是静静地微笑。裙裾之间，女人的优雅尽在不言中；举手投足间，巨星风采翩然而至。

这种气质的女人就是花丛中那一抹嫣红，最后终于变成最精粹的一滴金黄色的花蜜，让你在惊叹中慢慢地回味。

美丽和气质是两个不同的概念。气质包含了更多的元素，不仅指天生的容貌，更多的是举手投足、穿着打扮中显露出来的品位，还有从内心深处散发出来的自信。

气质好的女性总能吸引人们的注意，她们能轻松地赢得周围人的好感，让人们喜欢和她们在一起，这也使她们一般都拥有良好的人际关系；气质好的女性一般都受过良好的教育，有深厚的文化底蕴，有良好的内在修养，因此很容易获得他人的青睐。

不得不承认，有一些女人很幸运，她们天生有着一种优雅的气质。从出生那天起，她注定是一个有着好气质的女人。可是，还有许多女人没有这么幸运，不过气质完全可以后天培养，想要提升气质，任何时候都不晚。

如果你不满意自己的形象，那就要去努力丰富自己、提升自己，让自己的气质有一个质的飞跃。但这并不是说形成好气质就可以一蹴而就，提升气质需要时间，它只能随着你内涵的提高而逐渐改变。

有很多女人以为只要打扮自己，就会有气质，就会有魅力，这种想法是错误的。有的女人很有钱，会花很多钱买衣服，可是这些昂贵的衣服穿在她身上却显示不出优点。还有些女人，虽然买不起昂贵的衣服，但是普通的服装穿在她身上却让人觉得那么合适、那么舒服、那么有味道。

气质是一种由内而外散发的东西，需要一定的时间去修炼，这跟所受的教育、品位，还有后天的努力有关。外在美可能几个小时就能学到，但是内在的气质却要修炼，而且绝对需要时间的打磨。但只要坚持下去，终有一天你会听到有人赞美："你的气质真不错!"

爱自己的女人，魅力永远不会逝去。在那个"不爱江山爱美人"的传说中，使英王爱德华八世放弃王位的辛普森夫人，那一年已经37岁了。我相信女人在每个年龄段都有其独特的美。

张爱玲说过："女人纵有千般不是，女人的精神里面却有一点'地母'的根芽。可爱的女人实在是真可爱，在某种范围内，可爱的人品与风韵是可以用人工培养出来的。"

人的现状更多源自常年生活习惯的积淀，就魅力而言，更是如此。渴望拥有魅力的愿望很简单，但要真正获得魅力、提升魅力，就需要具备修炼魅力的意识和习惯。你想成为一个魅力女人，就得把修炼视为一项艰巨的人生工程，一刻也不耽误。

觉得自己姿色平庸的女人，不满足于自己气质的女人，从现在开始行动，只要努力，几年后就可以看到一个全新的自己，一个气质出众的自己。

著名化妆品牌羽西的创始人靳羽西说过："气质与修养不是名人的专利，它是属于每一个人的。气质与修养也不是和金钱权势联系在一起的，无论你从事何种职业、什么年龄，哪怕你是这个社会中最普通的一员，你也可以有你独特的气质与修养。"

那么，现代的女性应具备哪些气质呢?

1.人格之美

女性气质的魅力是从人格深层散发出来的美，自尊、自爱、端庄、贤淑、善解人意、富于同情心等都是美好的人格特征。相反，轻浮自私、小肚鸡肠的女人，即使容貌再漂亮，惹人喜爱也只是短暂的。

2.温柔的力量

说到温柔，人们自然会想到圣母的画像，想起在极其柔和的背景中圣母玛利亚温柔而圣洁的微笑。这微笑向人们展示了她的善良、无邪、温柔和博爱，她的艺术魅力亘古不衰。

3.腹有诗书气自华

读书和思考可以增加一个人的魅力。知识和修养可以令人耳聪目明，也会使一个女人增添不凡的气质。学识和智慧是气质美的一根支柱，有了这根支柱，也可以弥补容貌上的欠缺。

4.可贵的坚忍

女人不能一味地顺从、依赖、撒娇，女人也要有个性、有主见、有行动的自由。这种独立性是一种情感中的柔韧和追求中的坚定，是一种意志上的自持和克制力，是一种既不流于世俗又深深地蕴含着理性的行为。对美的事物的追求毫不动摇，坚持不懈，完全可以使"灰姑娘"变成"公主"。

在现实生活当中，无论是男人还是女人都喜欢与这样的女人相处，因为这种女人有一种吸引人的特别力量，能不断地感染你，使你羡慕，让你追随。

气质是一种灵性，一个女人如果只靠化妆品来维持美丽，生命必定是苍白的。真正高贵脱俗、优雅绝伦的气质，需要的是全方位的修养和岁月的沉淀。像一抹梦中的花影，像一缕生命的暗香，渗透进女人的骨髓与生命之中，让她们能够在面对岁月的无情流逝时，仍然能够拥有一份灵秀和聪慧，有一份从容和淡泊。

即使到楼下扔垃圾，也要精致

奥黛丽·赫本给女儿的遗言中说道："若要有优美的嘴唇，要讲亲切的话；若要有可爱的眼睛，要看到别人的好处；若要有苗条的身材，要把食物分给饥饿的人；若要有美丽的头发，让小孩子一天抚摸一次你的头发；若要有优美的姿态，要记住走路时行人不止你一个。"

优雅知性的杂志女主编梦萍，回忆起自己当年在法国留学的日子，感慨万千。

毕业那年，她四处找工作，忙碌好久，却迟迟没能如愿。那样的日子再继续下去，除了回国，别无他法。她不知道问题出在哪儿，直到那位女面试官用鄙视的语气告诉她，她的形象与简历不相符。她发誓，自己可以用能力让她收回对自己的鄙视。可惜，对方没有给她展示能力的机会。

梦萍的房东爱玛是个苛刻的女人，她在家里给梦萍列出了N条要求——不允许十二点之后还亮着灯，不允许洗浴时间超过十分钟，不允许穿戴不整齐就进入客厅，不允许用整洁的厨房做中餐，不允许家里有客人造访时不擦口红……

梦萍坦言，她当时真的很讨厌爱玛，可奇怪的是，周围的人却都说她是一位不错的房东。

有一次，梦萍刚洗过头发，坐在床上一边看招聘消息，一边吃面包。爱玛见到后，径直地走了过来，夺下梦萍手里的报纸和面包，要她离开这里，指责她没素质。一气之下，梦萍披散着头发，穿着睡衣，披上外套走了出去。

这些年来，从来没有谁说过梦萍没素质，她傲人的成绩和出色的能力，让她一路走得都很平坦。她的家境不错，但母亲从不娇惯她，一直提醒她，能力最重要。她想不通，为什么这里的人那么喜欢"以貌取人"！

天气寒冷，她也很饿，出门后她就去了一家咖啡馆。咖啡馆的人很多，服务生将梦萍引到一个空位上，用一种奇怪的眼神看着她。梦萍的对面坐着一位法国女士，她看起来尊贵精致，穿着十分讲究。梦萍有点不好意思，她的睡衣、运动鞋在对方的套装、丝袜、高跟鞋面前，像是一个卑微的小丑。梦萍突然觉得，若不是因为自己披了一件价值不菲的外衣，这家高级咖啡馆恐怕会将自己拒之门外。

梦萍点了一杯咖啡。服务生离开后，那位法国女士什么也没说，只是拿出一张便笺，写了一行字给梦萍。她说，洗手间在你的右后方。梦萍抬头看着她，她优雅地喝着咖啡，全然当作没这回事。梦萍尴尬至极，想起房东爱玛方才对自己的指责，竟然也觉得她没什么错。

对镜独照，看着自己一身皱巴巴的睡衣，被风吹乱的头发，嘴边沾着的面包屑，梦萍平生第一次看不起自己。她觉得，这副装扮似乎是在喻示：她不尊重自己，也不尊重他人。想起下午面试时穿着的休闲便装，她觉得那更是对一家知名企业以及那位HR经理的不尊重。

稍作整理之后，梦萍又回到了刚才的座位上，那位法国女士已经离开。她给梦萍留了一张字条，上面有一句漂亮的手写法语：身为女人，你要精致地活着，这是女人的尊严。

梦萍迅速地离开了那家咖啡馆。到家后，才发现爱玛一直在客厅等她。一见到梦萍，爱玛就说她回来晚了，明天要帮她打扫房间。梦萍向爱玛道歉，同意了她的要求。不过，此时的梦萍已经对爱玛有了改观，她发现爱玛的"N条要求"给自己带来了很多益处。比如，早点休息可以让她拥有更好的精神状态；穿着优雅可以让她更自信，并赢得他人的尊重。

后来，梦萍如愿地应聘到一家时尚杂志做助理。她得体的装扮和良好的精神状态，赢得了上司的肯定。那位精干的女上司对她说："你非常优秀，我们欢迎你。"梦萍惊奇地发现，她的上司竟然就是上次在咖啡馆里遇到的那位女士，她是业界非常有名的杂志主编，不过她没有认出梦萍。

梦萍对她说了一声谢谢。那一句，不是客套的回应，而是发自内心的感激。她感谢这位优雅的女士给她上了一堂宝贵的课：身为女人，你要精致地活着。

精致的女人懂得生活，有着旖旎动人的本色，心细如发的柔情，她的秉性就是一种独特的韵致与馨香，是让男人爱不释手的美玉。

精致，是一种自我要求，是随着年华老去却依然刻骨铭心的"格"与"调"，怎么看，都不会厌倦；怎么听，都不会腻烦；怎么想象，依然清新。一个精致的女人更容易在爱情中占尽优势，因为她总能够将自己的优势显露出来，让自己充满魅力，让男人情不自禁地爱上她；一个精致的女人在工作中会冷静地处理突发事件，永远不会手足无措，有一份女人难得的从容、自信与淡泊；一个精致的女人会很好地把握自己的身份，是父母的好女儿，是丈夫的贤妻，是儿女的慈母，是姐妹的知己，是异性的红颜……她知道收放，懂得进退，是那种赏心于己、悦目于人的女人。所以，作为女人，不管你是否漂亮，一定要做一个精致的女人。

不是每个女人都天生丽质，如果你没有国色天香的姿容，你只要不断锻造自己，"丑小鸭"也可以变成"白天鹅"。懂得用心地对待自己，不浓妆艳抹也不素面朝天，简约而不简单，每天把自己打扮得清清爽爽，你便会让人动心不已。

有一个小镇上的女人，四十多岁，家境不好，住两间平房，有两个孩子在上学，还要伺候瘫痪的婆婆。家里的男人在工地上做杂工，收入微薄。她平日就在街头摆个小摊，卖卖小杂物，如塑料盆、塑料桶什么的。

这样的女人，照理说应该很落魄，可她给人的感觉却光彩照人。人们在街头见到她，都会眼前一亮：长发如瀑，梳理得纹丝不乱，用发夹盘在头顶上；身材修长，穿着旗袍，旗袍的面料虽不高档，却总是干净整洁。她把整条街都当成了她的舞台，活得从容而优雅。

小镇上的女人们在私下议论："一个摆地摊的，还穿什么旗袍！"但女人不介意人们的议论，照旧盘发、穿旗袍，优雅地守着她的地摊，身上散发出明亮的光彩。这样的明亮，让人没有办法拒绝，所以大家有事没事都爱到她的摊子前去转转。男人们爱跟她闲聊两句，女人们也渐渐喜欢跟她讨论她的旗袍、她的发型，临走都会心满意足地买一两件小商品。

几年后，女人攒下来一些钱，贷款买了一辆中巴车跑短途。她让男人去考了驾照，做了自家中巴车的司机。她则随着车子来回跑，热情地招揽顾客。在来来去去的忙碌中，她照例盘了发，穿着旗袍。车里也被她收拾得异常整洁，湖蓝色的坐垫，淡紫色的窗帘，给人的感觉就是"雅"，所以小镇人外出，都喜欢乘她的车。

她的日子渐渐红火起来，但一场意外的车祸却让她变得一无所有：车子没了，还欠下了十几万元的债务；她的腿部也受了很重的伤，躺在医院里，几个月下不了床。

人们认为她会一蹶不振，可是半年后，她却又在街头摆着地摊，照旧盘发、穿旗袍。虽然腿部落下了小残疾，却并不妨碍她把脊背挺得笔直，也不妨碍她脸上挂上明亮的笑容。

后来，女人不再摆地摊了，而是买了一辆出租车，之后增加到两辆车子，一辆跑出租，一辆跑长途。再后来，女人新盖了三层楼房。而她照旧盘发、穿旗袍，看起来跟从前一样年轻、漂亮。

精致是一份心情，是一种生活的态度。精致的女人绝不是"花瓶"，而是花瓶中那娇艳的鲜花，用绽放的青春和生命来点缀这无悔的人生。

精致，如同无形的精灵，紧紧地抓住人的感官，悄悄潜入人的心灵，给人留下难以磨灭的印象。精致，不只体现在穿着打扮上，还体现在每一个微小之处。细节最能反映一个人的本质，优雅的女人常常不是在学识、容貌上有多大的优势，她们会在细微之处显示出自己的与众不同。

女人就要精致地活着，不浓妆艳抹，也不素面朝天，追求简约而不简单的大气；精致地活着，做人群中的焦点，却不哗众取宠；精致地活着，是风情万种，却不矫揉造作；精致地活着，是有奢华的风骨，却不沦为金钱的傀儡；精致地活着，是内心充满自信，赏心于己、悦目于人，把一杯红酒喝出情调，把一件衣服穿出品位，把自爱当成被爱的基础。

优雅，是穿透时光的美丽

《红与黑》的作者司汤达教育后人："做一个成功的人，仅有一个符合逻辑的大脑是远远不够的，还要有一种成功的气质。"

女人真正的魅力主要表现在她特有的气质上。外表的美总是最初的、静态的、肤浅的，也总是短暂的，似天空中的流星，倏忽即逝，没有生命力。光有美丽的脸蛋、窈窕的身材，而胸无点墨，只能称之为"金玉其外，败絮其中"。

在现实生活中，再漂亮的女孩，如果没有高雅的气质，也是一朵几近枯萎的鲜花，一潭永不流动的死水。相反，并不漂亮的女孩，一旦插上气质的翅膀，便会神采飞扬、明眸顾盼、楚楚动人。

美国前国务卿康多莉扎·赖斯，是美国有史以来领导国家安全委员会的第一位女性，也是美国政府中第一位身居高位的黑人女性。在美国总统乔治·W·布什的第一任期间，赖斯任职国家安全顾问。小布什成功当选总统后，赖斯任职总统国家安全事务助理。

提起赖斯，除了耀眼的"美国国家安全事务助理"头衔外，美国媒体从不忘记这样的形容：她不仅是布什总统的顾问，更是亲密的红颜知己。从白宫到国外出访，从得州的牧场到戴维营，人们总能在总统身边看见赖斯的身影。

有人把她说成是"穿着裙子的男人"，平日里是一副严肃的表情，但是赖斯也有极具女人味的一面。赖斯是一位十分注重穿着、一丝不苟的人。媒介称她"举止端庄，温柔优雅"。

在《时尚》杂志的封面上，赖斯身穿露肩晚礼服，坐在钢琴前演奏，与平时穿着套装时表现的严肃形象迥异。像大多数女人一样，这个美国当时最有权力的黑皮肤女人也是一个喜欢逛商店的"购物狂"。

有一次她对采访记者说："我喜欢逛商店购物，如果有一天你在商店中遇见我，请不要太惊讶。"身材苗条的赖斯非常喜欢颜色醒目的一流服装，并喜欢穿上新买的服装享受"孤芳自赏"的乐趣。

除了服装外，赖斯还喜欢购买珠宝，尤其是黄金首饰。有一次，当赖斯来到一家名牌珠宝店要求挑选黄金首饰时，一名店员拉出一抽屉人造珠宝供她挑选，他显然认为这名黑人女性不可能买得起黄金珠宝，这一侮辱性的举动显然将赖斯激怒了，她冷静地说："我想我们必须搞清楚一件事，你站在柜台的后面，因为你必须为赚取每小时6美元的工资而辛勤劳动；而我之所以能站在柜台外面，要求看一看黄金珠宝，是因为我赚的比你多得多。"

赖斯还是一个购起鞋来欲望大得惊人的顾客。

她非常喜欢一家地处旧金山联合广场的高级鞋店，那里有所有顶级品牌的鞋子。有一次，赖斯一下就买了8双菲拉格慕牌皮鞋。几个月后，当她再次踏入这家店时，一个店员就跳过了所有长椅跑到了她面前。随同她一起来的朋友大笑起来，说："你一定让他们高兴死了！他们一定互相说过上次你买鞋的情形，现在这个顾客又来了，今天可真是太幸运了！"

此外，赖斯还喜欢穿着价格昂贵的阿玛尼和奥斯卡·德拉伦塔品牌的服装，使用伊夫·圣罗兰牌的口红。

这位集优雅、权力于一身的女人可以说是成功女人的典范。她的良好形象和个人品位为万千女性争相效仿。

美丽的女人不一定有令人惊艳的外表，却一定有着感染心灵的气质。漂亮的外表总是第一眼就能冲击人们的视觉，而优雅，却如同一杯茶，清香幽幽，细细品味之下方知其甘美，且令人难以忘怀。优雅的风度是一个人的文化修养、审美观念和精神世界凝成的晶体，所以它折射的光辉也最富于理性、最富于感染性。一个女人可以有华服装扮的魅力，可以有姿容美丽的魅力，也可以有仪态万千的魅力，却不一定有优雅的风度；但是，一位具有优雅风度的女人，必然富有迷人的持久的魅力。

陈燕妮，这个众所周知的优雅女人，说起她，就要说一说她的文笔。从陈燕妮的文章里可以看出，她是个轻灵敏感多于沉稳干练的女子。因为在她的笔下，女人所有的触觉和感性的思维都在轻轻地颤动，让那一个一个被人们忽略、遗忘的故事重新以鲜活的面目再现。你可以不佩服她细腻的文笔，但你不能不为她敏感的洞察力而倾倒。这样的一个女子，又如何不会优雅，不会成为女人力求完美学习的对象呢？

从《遭遇美国》的轰动开始，陈燕妮的书就成了国人认识美国的一个窗口，人们在她的充满女性意识的笔下认识了美国更多的角落，也看到了更多中国人在大洋彼岸的艰辛、奋斗以及中西文化碰撞中曲折的心灵体验。从做《美东时报》的新闻记者，到在中文电视台工作，陈燕妮在5年后出了第一本书《告诉你一个真美国》，随后几本讲述华人在美创业以及华人回国经历的书一上市，就成了当季的畅销书。后来，她创办了《美洲文汇周刊》，自己担任总裁。

从陈燕妮的言谈举止中我们可以看出，她有种不经意流露出的自信。对于一个经历丰富的女人来说，这种自信比年轻美貌的自信似乎来得更有理由。

那么，陈燕妮是怎么看待优雅女人的呢？

"我认为优雅的女人首先应该知道自己是谁。其次她应该是个成功的女人。试想一个身着高贵的晚礼服的女人，在宴会上可能做出各种优雅的姿态，可一转身，她却向身后的男人要生活费，你还会觉得她优雅吗？有了成功事业的女人，才会有充足的自信体现出气质的优雅。"

有人问陈燕妮："作为一个成功而忙碌的女人，你认为最幸福的是什么？"

"当然是家庭的和睦。"陈燕妮笑了。看得出来，她有个幸福的家庭。

"在过去我并没有真正认识到，可能是在美国的时间里我才慢慢意识到。可以说，年纪渐渐大了，觉得一个和睦的家庭对女人的影响太大了。不然，人在社会里感觉特别漂浮，很难受。"

与陈燕妮接触过的人都说她是那种可以在说笑间让你接受其想法的人，不经意间让你感受到她的力量，是那种有特殊魅力的人。

再看她的书时，每个人都要换一种心态了。

由陈燕妮的优雅可知，真正的优雅是一种气质之美，是一个女人独特的风格。

优雅是内在涵养的释放，是女人骨子里最深刻的美。优雅女人的气质像竹，亭亭玉立、高贵脱俗，即使身着一袭布衣，也会从简单质朴的外表下捕捉到这种不凡的感觉。优雅的女人要有充实的内涵和丰富的文化底蕴，这是超越外表美的最高境界。

有人说："岁月的全部馨香和芳菲都在一只密封的袋里，矿藏的全部美妙和富裕都在一块宝石的心里，在一颗珍珠的核里有着大海的全部阴阳。"那么人也是如此，女人所有的魅力和优雅都是深藏在骨子里，由内而外散发的光芒才是最持久的，才是最令人羡慕的。

清雅芳香，让修养成为你的名片

女人可以不漂亮，可以气质一般，但是绝对不能没有修养。

这个世界有一定的规则，我们需要按照规则办事，而有修养的女人，就是那些懂得规则的聪明女人。有修养的女人从来不随心所欲，也不会唯我独尊。她们深知"己所不欲，勿施于人"，所以她们能够善待别人，这种品质恰恰是女人最为美丽的一面。对于女人而言，修养不仅让她们显得美丽而从容，更能够体现出女性的道德美。一个有修养的女人，不会因为岁月的流逝而逐渐失去光彩，相反，她会因为心灵的不断净化而日益明媚。

在一次世界文学论坛会上，有一位相貌平平的小姐端正地坐着。她并没有因为被邀请到这样一个高级的场合而激动不已，也不因自己的成功而到处招摇。她只是偶尔和人们交流一下写作的经验。更多的时候，她在仔细观察着身边的人。一会儿，有一个匈牙利的作家走过来问她："请问你也是作家吗?"

这位小姐亲切而随和地回答："应该算是吧。"

匈牙利作家继续问："哦，那你都写过什么作品?"

她笑了，谦虚地回答："我只写过小说而已，并没有写过其他的东西。"

匈牙利作家听后，顿有骄傲的神色，更加掩饰不住自己内心的优越感："我也是写小说的，目前已经写了三四十部，很多人觉得我写得很好，也很受读者的好评。"说完，他又疑惑地问道："你也是写小说的，那么，你写了多少部了?"

这位小姐很随和地答道："比起你来，我可差得远了，我只写过一部而已。"

匈牙利作家更加得意地说："你才写一本啊，我们交流一下经验吧。对了，你写的小说叫什么名字?看我能不能给你提点建议。"

这位小姐和气地说："我的小说名叫《飘》，拍成电影时改名为《乱世佳人》，不知道这部小说你听说过没有?"

听了这段话，匈牙利作家羞愧不已，原来这位小姐是鼎鼎大名的玛格丽特·米歇尔。

修养，是一种由内至外散发出的能量，是一种长久融于一身的生活品位和习惯，是一种源自内心的需求和表达。这看似简单的两个字，却足够让女人琢磨一辈子，学习一辈子。

有修养的女人，从不会放纵自己，苛责于人。好莱坞一位著名影星曾说："我的教育者，就是我自己。"她从未停止过对自己的鞭策，尽管她受教育不多，可是一颗自律和自尊的心，却让她把自己塑造成了一位有修养的女性。有修养的女人，善待自己，宽容别人，会真诚地聆听别人的心声，感受他人的喜怒哀乐，尊重每一个人，无论贫穷富有，无论高尚卑微。她们深知，尊重别人就是尊重自己。有修养的女人，不会在公共场合大声喧哗，高调炫耀，更不会说出尖酸刻薄的话；她们落落大方，举止从不轻浮，永远给人如沐春风的感受。

曾经，有一位女子跟随朋友到美国的一个自然公园旅行，而后被美国人热爱露营的激情感染了，她也简单地收拾了一下车厢，加入到美国人露营的队伍。那是在一片原始森林中整理出来的一块空旷的地方，一百多辆车，一百多个露营的家庭与伙伴。晚上大家支起篝火，享受着热情与美好。人们听着音乐，烤着肉，喝着酒……第二天，当她醒来时，所有的车辆已经悄然离开了这里。她惊奇地发现，这里完全没有一百多辆车、几百口人夜宿的痕迹，地上没有任何的废弃物，连一张碎纸、一根吃剩下的骨头都没有，用来清洗的水池里也没有任何残渣，那一刻她被感动了。

修养不是天生的，没有一个人生下来就是一个有修养重礼仪的人。一个人的容貌是无法改变的，但是修养却可以自我提升。所以，不管你是不是漂亮的女人，你都要努力让自己更有修养，因为这种品性是一种可以超越容貌的光芒。

很多缺乏修养的女人外貌也十分美丽，但是她们粗鲁的言行，却让她们的魅力大打折扣，甚至让人心生厌恶。修养对于女人而言，就如同化妆品里的营养液。那些外在的修饰如同粉底，瞬间就可以让女人变美，但是卸妆之后，还是回归到了本来面目。而营养液则不同，她的功效虽然不是立竿见影，却能够让女人保持恒久的魅力。

《中国美容时尚报》社长张晓梅说："我始终认为，女性的修养程度是衡量社会文明的一个重要标准，女人的修养决定着一个国家和民族的修养和前途。我特别想告诉女性朋友们的是，女性修养、女性魅力是需要用心体味和感悟的，它是女人修炼的结果。"

杰克·伦敦曾在一篇小说里写过这样一个故事：

一艘即将启程的游轮上，一群绅士与几个男孩做着游戏。一位绅士将一枚金币抛向海中，便会有男孩紧跟着跳下，谁捞到那枚金币，就归谁所有。其中，一个少年很引人注目，他就像一个发亮的水泡，灵活和矫健的动作让人大为赞叹。

这时，甲板上走来一位美丽的女子，所有的男士都被她吸引，向她大献殷勤，而游戏还在继续进行。海面突然出现了鲨鱼，大家连忙住手，那位女子却伸手向一位绅士要过硬币，忘乎所以地向海中抛去。几乎在同时，那个少年以一个漂亮的弧线向船外跃出，刚跳落到海里就被鲨鱼咬成两段。

人们都吓坏了，纷纷离开，没有谁再理睬那位美丽的女子。那女子脸色惨白，在一位绅士的搀扶下，慢慢地走回房间……

能够吸引众位绅士的注目，博得对方的好感，可以想象得到，那定是一位装扮与言辞都很出彩的女人。可是，她的举止透露出的却是罕见的粗俗与残忍，这与高雅的品位格格不入。相比之下，言辞和装扮就变成了肤浅的表象，因为她少了一颗有品质的心。

任何表面上的美丽都是短暂的，作为女人，不应该只注重外表。但愿每个女人都能够记住台湾李甲孚教授说的那番话，做一个这样的女子："她的造型那么自然端庄，她的身材那么健康修长，她的举止那么动人大方，她说话的声音那么悦耳动听，她的表达能力那么清晰机警，她的知识那么充实丰盈。这是我心目中的现代妇女形象，也衷心渴盼妇女们有此修养。"

腹有诗书，将青春散落在墨香里

一本好书，就像一座灯塔，会在茫茫黑夜中给我们指明奋斗的方向。莎士比亚说过："生活里没有书籍，就好像生命没有阳光；智慧里没有书籍，就好像鸟儿没有翅膀。"由此可见，书籍在我们生活中多么重要。读书可以让女人更优雅，好书可以滋养人的心灵，让人不断完善自己。

作家毕淑敏在《读书使人优美》中这样写道："读书是最简单的美容之法，读书是在聆听高贵的灵魂自言自语。想要美好的女人，就去读书吧！不需要花费太多的钱，只是需要花费很长的时间。可若能够持之以恒，优美就会像五月的花环，在某一天飘然而至，簇拥女人的颈间。"

不管是终日忙于工作，还是照顾家庭，这些都不该成为剥夺一个女人个人时光的理由。女人想要在岁月的冲刷中保持最初的光华，就要不时地充实思想，在床头为自己放一本书。

曾有人说，假如一个女人有十分的美丽，可若少了书的相伴，她就会失去七分的魅力和韵味。有一种女人虽算不上倾国倾城，却散发着独特的魅力，纵使素面朝天地走进浓妆艳抹的女人中间，也会格外地引人注目。她的吸引力，不在于外表，而在于那份气质，那份浑身流溢的书卷气息。

有两姐妹，姐姐身材高，脸蛋美，如花似玉，但街坊邻居觉得她有些轻浮。妹妹个子矮，鼻子塌，邻居都叫她"丑小鸭"。姐妹两人长相有很大差距，个性也大相径庭，唯一相像的地方就是两人脸上都长有雀斑。

姐姐经常去做美容，每月的工资几乎都花在了美容上。她觉得脸上的雀斑是个遗憾，想尽办法遮盖它，然而美容却遮盖不住她心中的俗气，与其交往的人不久就会厌倦她，因为她眼中除了美容就是钱。

妹妹则喜欢读书，每逢假日必去书店。她的工资除了生活中必要的花销外，几乎都用在了买书上。她读了很多书，从英国诗人艾略特的书中品尝出人生的深奥，眉宇间增添了思考的睿智；从海伦·凯勒的书中咀嚼出战胜自我的力量，从自卑的困扰中走了出来；从中国古典名著中学会了做人的谦恭，使她多了一分书卷气。

时间久了，妹妹的言谈举止中自然流露着一种脱俗的魅力，连她脸蛋上的雀斑也显得很俏皮。很多人都愿意与她交往，有一些疑难问题也都爱找她帮助，慢慢地，她的朋友也多了起来，她成了大家关注的焦点。

高尔基说："学问改变气质。"读书是永葆青春的源泉。和书籍生活在一起，永远不会叹息。知识是最好的美容佳品，书是女人气质的时装。书会让女人保持永恒的美丽。书更是生活中不可缺少的调味品，让你感在其中，品在其中，回味无穷。

当今社会，聪明的女人俯拾皆是，品学兼优、相貌端正、家世显赫、知书达理、个性温和的女子大有人在，她们不管走到哪里都是一道亮丽的风景线。她们可能貌不惊人，却有一种内在的气质：幽雅的谈吐超凡脱俗，清丽的仪态无须修饰，那是静的凝重，动的优雅；那是坐的端庄，行的洒脱；那是天然的质朴与含蓄混合，像水一样柔软，像风一样迷人，像花一样绚丽……这一切都源于读书，要读书，好读书，读好书，女人修内首先要读书，读书可以使人汲取很多从古到今的精华。时间长了，我们的骨子里会增加更多的从容、淡定、自信与坦然，当岁月老去，收获的是从容与优雅。

有一个很特别的女孩。无论遇到什么事，哪怕是他人摆出一副咄咄逼人的架势，她也从不会轻易动怒。她总是莞尔一笑，给人以岁月安好的宁静。她的心如水般平静，从不对谁说刻薄的话，也不会议论别人的是非，更不会在心里怨恨任何人。她不会给爱情和爱人附加任何条件。对她来说，爱，简单而纯粹。

她的房间里，有一面"书墙"，摆满了各式各样的书。她最喜欢的是一套《三毛文集》。她说，向往三毛与荷西的爱情，看三毛的文字，就像领略一段别样的旅行，字字句句都透着真善美，透着对生活的热爱。这一切，无时无刻不在敲打着她的心。

她喜欢那些有深度的作家，就像毕淑敏，向来对生命存着敬畏和关爱，教她领悟活着的可贵以及珍惜的含义。看过《预约死亡》之后，她真的去了附近的临终关怀中心，从那里走出的时候，她满眼含泪，心情沉重之余多了一分对生命的敬重。

书架上的书，是她的天堂，是她的世界。渡边淳一的《失乐园》，塞林格的《麦田里的守望者》，米兰·昆德拉的《生命不能承受之轻》、西蒙·德·波伏娃的《第二性》，鲍·瓦西里耶夫的《这里的黎明静悄悄》，全是她的朋友，她的导师。

每读一本书，她都会精心写下一些感悟。这些感悟，或发在网上，或者自己收藏。她觉得，这是心灵的收获，是生命的无价之宝。

有书陪伴的日子，她觉得生命一直在被养分滋润着，吸取着天地间的精华，在心灵开出动人的花。书，是她精神上的导师，给了她一对能够自在翱翔的翅膀，也给了她水一样的温婉性情，透明却真实，温柔却不软弱。

她已经35岁了，有家，有孩子。可这一切，并没有打乱她的书香世界。她的书墙，就是她的精神领地，那是一个没有人能够占据的世界。她坚信，未来的十年，二十年，在书的滋养下，她会比现在更从容、更自信、更优雅。

书香中的女子是温和的、善良的、宁静的。书给了女人富有女人味儿的底蕴，给了女人温文尔雅与善解人意，令女人成为男人心目中永远的亮丽风景。

岁月沧桑，时光荏苒，摧毁的可能是女人的容颜。但时间再无情，也削不去"书女"的风姿，也无法冲淡书香里走出来的女子的雅致和轻盈。

一个聪明的女人懂得从书本中增加自己的知识与见识。读书的女人是有魅力的女人，魅力是女人的护身符，它是比美丽更有价值的东西。容颜易老，花开花落终有时，而女人的魅力却会因岁月的淘洗而放出耀眼的光华，会因岁月的深藏而散发出醉人的醇香。

总之，坐拥书香是为女人增加魅力的重要砝码。当窗外阳光投射出的阴影仅仅从西边转到东边时，读者已经在书中看到一个时代的兴亡、一种艺术的发展延续、一个人一生的得意与失落。有这些积累在胸，女人怎么会怕自己没有魅力？

做一个有品位的美丽女人

女孩到了二十几岁以后，就要开始学着用心经营自己了，这体现在自己的外表及涵养上。每一个女孩都是特别的，都应该有自己独特的品位。可能有很多女孩觉得品位与时尚或者奢侈品挂钩，其实不是，品位是一个人去观察事物的态度，同样的东西，不同的人眼中会出现不同的版本，物品本身的价值与品位的高低是没有关系的，女孩要用自己的目光去欣赏一件东西，用高级的品位去挑选东西。

一件非常满意的衣服，仅有一点瑕疵，那么这件衣服就会因为少许的不合适而被闲置；一间宽敞的客厅，放一张木质的桌子，几张纯白的硬质椅子，会使整个屋子的格局显得刺眼而难受。能够挑选出好东西的女人有一双慧眼，会在繁杂纷乱的商品中找到适合自己的那一款。如果找不到合适的，她们不会因为便宜而将就，也不会因为昂贵而盲目选择。她们不会将身边堆满便宜的商品而浪费金钱，也不会因为爱慕虚荣就胡乱花钱。

小娴是个很漂亮的女孩子，大都市中标准的白领。她经常受到诸如"你的衣服很漂亮""你的发型很时髦"之类的赞美，她会因为这些而感到骄傲。年轻的女孩子，都希望自己成为别人眼中最漂亮的那一个。

小娴的一个客户叫季宁。季宁不是那种特别耀眼的帅哥，但是很耐看。当小娴第一次看到季宁的时候，就被他的风度翩翩给吸引了。小娴很乐意与这样的绅士合作，并且日久生情，爱上了他。

在同事的鼓励下，小娴鼓足勇气向季宁表白。季宁并没有过多地表态，不拒绝也不接受，这让小娴对自己有了更多的自信。别人都说，他们是郎才女貌，很般配。

生日那天，季宁出现在小娴的家门口，送来一份精美的礼物。当季宁的目光扫视满屋子的狼藉和破旧的沙发后，他的眉头微微皱起，这表明这样的环境令他有些失望。微小的表情被小娴尽收眼底，她觉得很尴尬。而当季宁走进阳台看到一只脏兮兮的小狗正满地乱跑时，彻底被吓到了。只待了一会儿，季宁便称有事先走了。

他转身的那一幕，深深伤害了小娴。她觉得，一个外表光鲜亮丽的自己，背地里却这么懒惰。那是一个漂亮女人背后真实的一面，被人赤裸裸地剥开了。

小娴看着被她捡来的流浪狗，正可怜巴巴地躺在那里啃骨头，身上的毛都已经卷起来了，像穿着一件多年没有洗过的旧衣服。屋子里破旧的沙发，是因为有缺陷而便宜处理的优惠商品。

还有满床的衣服，她总是想着买一些漂亮的衣架将它们悬挂起来，却一直拖到现在。

以后的每一天，她都用心地整理家里的东西。家里的破旧沙发被她处理掉，新换上一个符合装修风格的软皮沙发。阳台上多了几盆赤梅，她用心浇灌着。小小的衣柜买来了，她将各种名牌衣服整理干净地挂在柜子里。在大门处贴了一张大大的笑脸，给整个屋子增添了不少温情。

半年的改变，使她终于能够直面朋友的来访时，不是尴尬，而是笑意盈盈。朋友看到她精心收拾的家时，也不由得羡慕她高雅的品位。

不是生活状况决定品位，而是品位决定生活状况。品位不一定是奢侈品，也不一定就是消耗品。有品位的女人不会追随潮流、标新立异、追求奢华，也不会胡乱将就、流于粗陋，更不会反复强调重返青春的愿望。她们从混乱和盲目中逐渐跳出来，用经验和眼光让自己变得更美，用智慧和修养不断地完善自我。

有人说，好女人是一本好书，而一个有品位的女人更是一本永远也让人读不够的书，因为有品位的女人总是不断地为自己充电，让自己更完美、更充实，让你总能在人群里一下子就发现她，发现她身上那夺目的光彩，发现她那犀利如暗夜中的光芒般的独到的眼光。

假如女人是一枝花，那么，品位就是滋养它的水分。

品位，一个奇妙而美丽的字眼。对现代女性而言，没有什么比"品位"这个词更美好、更时尚、更具有诱惑力了，一个被赞美有品位的女人，即使貌不惊人，财富不能车载斗量，周身也会笼罩着一层耀眼的光芒。

于是，有的女人愈加疯狂地追逐着格调和品位。所有算得上值钱的享受和消费品，都被她们列入有品位的范畴。她们滔滔不绝地讲述对法国高档时装的情有独钟，讨论高级护肤品牌的成效，炫耀无名指上光芒四射的戒指，精心策划下一次出国的旅程。她们偶尔也谈及文学、艺术，谈论喜欢看什么样的书，喜欢听什么类型的音乐，谈论自己的学识、家世背景，以及自己身边的男人。

然而，品位真的就这么简单吗？

亦舒的《圆舞》中，有这样一段耐人寻味的话："真正有气质的女人，从不炫耀她所拥有的一切，她不告诉别人她读什么书，去过什么地方，有多少件衣裳，买过什么珠宝，因为她没有自卑感。"

真正有品位的女人，是美丽的。因为她会打扮自己，穿的、用的不一定是昂贵的，却是适合自己的；真正有品位的女人，是健康、快乐的。有品位的女人，身材不一定性感，容颜也会老去，但是心态依旧年轻；真正有品位的女人，是有学识的，她用智慧武装头脑，坚守着属于自己的思想与格调；真正有品位的女人，思维清晰，眼光独到。

凌菲菲是一家知名房产集团的副总裁。几年前，她到一个破产拍卖的机械厂考察，周围杂草丛生，还有一些废旧的机械和厂房。在别人眼里，这块地方改造难度太大。但凌菲菲决定把这个破旧的工厂彻底改造成一个低密度、高品质、50%原生态绿化覆盖率的大型艺术生态居住小区。

她请来12名国内外知名艺术家，以工厂原有的机器设备、产品零部件为原料开始创作，那些原先看起来毫无用途的破旧厂房和废旧机器竟然成了园区的点睛之笔。为了保护散乱性生长的树木，她邀来美国某知名大学景观设计系主任做技术指导，再请来园林工人将这些大树进行全冠移植。造房挖出的土也被她像宝贝一样保存起来，而且还专门安排了两个人每天浇水。土里有很多珍贵的树种和草籽，让新建小区充满了自然的野趣，小山一样的土堆长满了不知名的野花和狗尾巴草。

这就是凌菲菲的品位。她不会跟风去做什么"欧式风""小镇系列"等楼市概念，而是在复杂细节中融合历史文化和现代技术，使自己的房子既有极高的品质，也凸显出大气的现代风格。这个生态小区一经推出就引发了购房热潮，凌菲菲的事业获得了巨大的成功。

人们常说，做人要有气质，做事要有风格。作为一个女人，也要有自己的特色。纯真的气质洋溢着女性深邃的内涵，高雅的风采闪烁着赏心悦目的光彩，这就是"女人的品位"。

每个女人都渴望成为一个有品位的人，因为真正的品位，会使蒙尘的生活闪闪发亮。执着于品位的女人是热爱生活的人，追寻有品位生活的女人，绝对是优雅与别致的女人。

有品位的女人会用自己的眼睛发现身边的美，并用心去感受它。其实品位的培养并不困难，每一个注重细节的女人，都有机会成为有品位的女人。一瓶花、一杯茶、一首歌……都可以在无形中烘托出一个女人的品位。

在假日悠闲的午后，把大自然的绿色带回家，通过自己动手布置，看着摊开一桌的香艳花草，赏心悦目，为平凡的生活增添一丝情趣。沏一壶茶，闭上眼睛，步入音乐的世界，想象自己正漫步在斜阳下的山坡上，沐浴着清香的微风，在纯净之余，还会领悟到更多。闲暇时再约三两知己促膝畅谈。周末享受家里难得的安闲，挽起缕缕长发，走进清淡雅致的厨房，切丝削片，快炒慢炖之间打点出曼妙美味；或是煲一碗好汤，与心爱的人一起分享。为了爱倾尽手艺，烧一桌好菜，更能使女人赢得爱人的心。腹有诗书的女人，好比是一坛尘封已久的女儿红，启开来香气扑面而来，令人迷醉。经典的书籍能让你洞察世事，通透人情。你的文字使你与众不同，在你的身上呈现出一种高雅，"可远观而不可亵玩"的清冽，历久弥新，回味悠长。

你若起舞飞翔，便可艳压群芳

何为魅力女人？就是她能让每一个围绕在她身旁的人如沐春风，行为举止间让人感受到尊重，也乐于亲近她。让魅力永驻的因素不一定是明眸皓齿，而是富有魅力的人格和温润的性情。她们聪明慧黠、人情练达，少了女孩的天真稚嫩，也不似女强人那样咄咄逼人。她们在不经意间流露出柔美和知性魅力的同时，也与人保持一段若即若离的距离。

自信是一种顽强的精神力量，能使人排除各种障碍，克服各种困难。对于女人来说，自信能使女人更美丽。

女人的自信与沉鱼落雁、闭月羞花的容貌和魔鬼般的身材都没有绝对的关联。女人的自信缘于对自己以及对他人清醒的认识。也只有当女人具备自信但不张狂的内在美时，她才真正称得上是美女。

缺乏自信的美是短暂的，会随着时间的流逝而一点一点消失在无情的岁月里。而充满自信的女人，她的美会随着时光的脚步越来越耀眼夺目。

自信的女人总是能够坦然地面对生活赋予她的一切，幸福也好、苦难也罢，她总有勇气去承受，即使面对挫折和逆境，她仍有前进的动力。自信让她相信自己可以克服所有的困难，并不断地完善自己。她总是精神焕发地投入到生活和工作中去。

意大利著名影星索菲娅·罗兰在半个世纪以来出演了70多部影片，她用自己动人的风采、卓越的演技给人们留下了深刻的印象。她的美不是静止的，不是平面的，而是以一种最浓烈的方式留给了电影。在1961年，她获得了奥斯卡最佳女演员奖。很多导演都由衷地说，与索菲娅·罗兰的美丽相比，奥斯卡简直不值一提。

然而，她的从影之路并不是一帆风顺的。

16岁时她一个人来到了罗马，但是，通往成功的路并不平坦，她的长相阻碍了她成为一名演员。刚到罗马时，她听到的是自己个子太高、臀部太宽、鼻子太长、嘴巴太大等非议，把她说得没有一点做演员的资质。

不过很幸运的是一位制片商看中了她。但这并不代表她的事业一帆风顺，索菲娅·罗兰去试了许多次镜，但摄影师都抱怨无法把她拍得更美艳动人。制片商听到了摄影师的抱怨，于是找到了索菲娅·罗兰并对她说："索菲娅，如果你真想干这一行，我建议你把你的鼻子和臀部'动一动'，做一次整容手术，那样会更好些。"但是索菲娅·罗兰是个有主见、不愿意随波逐流的人，她断然拒绝了制片商的要求。在她的心里，始终坚持着这样的一个原则：我就是我，只有做好了自己，我才能向他人学习。

索菲娅·罗兰要靠自己内在的气质和精湛的演技来征服观众，于是她找到了制片商，并理直气壮地说："对不起，我不能这样做，我就是我，只有做好了自己，我才能向别人学习，这是我的原则。虽然我的鼻子太长，但它是我脸庞的中心，它赋予了我脸庞的独特个性，我很喜欢它。至于别人怎么说，我无法改变，因为嘴长在他们的脸上。我只要坚持我的原则就够了。"

虽然很多议论对索菲娅·罗兰很不利，但她没有因为别人的议论而停下自己奋斗的脚步，反而越挫越勇。从17岁正式进入电影界，她一生拍了100多部影片。索菲娅·罗兰的演技达到了炉火纯青的程度，她得到了观众的认可，观众很喜欢她的善良和纯情。索菲娅·罗兰在事业上不断取得成功。

她刚出道时遭到的那些诸如鼻子长、嘴巴大、臀部宽等议论都不见了，她得到了更多的好评，以前的缺点成为当时评选美女的标准。20世纪末，索菲娅·罗兰已经60多岁了，但是，她仍然被评为那时"最美丽的女性"之一。

当后来有人问起索菲娅·罗兰的成功时，她是这样回答的："我谁也不模仿。我不去奴隶似的跟着时尚走。我只要做我自己。当你把自己独特的一面展示给别人的时候，魅力也就随之而来了。"

当代著名作家毕淑敏曾说过，我不美丽，但我拥有自信。是啊，自信原本就是一种美，一种持久的美。那些天生丽质、拥有花容月貌般的女人固然很漂亮，但若缺少了自信、优雅、从容、淡定，那份漂亮也就不那么迷人了。

美丽而又自信的女人，是一幅令人赏心悦目的旖旎画卷，她们既有迷人的风韵，又有惊人的魄力。对这样的女人而言，人生不是等待而是创造，命运从来都掌握在自己手中。因而，在角逐人生、实现自我的竞技场上，她们更是巧于利用上苍赋予女人的天然优势进行自我推销、自我展现，获得异性扶助的机会就较寻常女子要多得多。

2003年的"中国环球小姐"吴薇，单从外表来看，清秀纯情，落落大方，普通得就像一个邻家女孩。

吴薇当属那种非常耐看，而且越接触感觉越好的女孩。她淑女式的微笑后面裹挟着的是无比的镇定和自信，她通常会用真诚的眼神和话语回答不同的问题，没有一丝拘谨。让人感觉她的美丽来自她的自信，她的聪慧，她的踏实和平淡。

吴薇在参加环球小姐比赛之前，只是一家银行的普通职员。后来多次参加选美比赛，均以卓尔不群、古典的气质和亲和力让评委和现场观众赞叹不已，先后获得过世界福清小姐大赛的第三名和石狮形象小姐冠军。

女孩去参加选美，有时会受到身边人的不解和非议，但吴薇认为："选美本身并没有错，它可以把美和爱带给世界上每一个人。而参加选美对于一个女孩子来说也是一种锻炼的过程，比如像我以前如果面对大场面可能会害怕，但是现在不会了，通过这样的大赛，我成熟了。"

吴薇第一次参加选美比赛，由于经验不足，决赛时败下阵来。不过，这个"第一次"无疑对吴薇的心理承受能力是一个很好的考验，也为她日后参赛奠定了良好的基础。

2003年4月，环球小姐中国赛区的比赛在济南举行。23岁的吴薇抱着"最后一搏"的心态再次出征。"当时我想不管结果如何，中国小姐的选拔都是我最后一次参加比赛，我希望趁自己还有比较好的状态时去见识一下五湖四海的女孩。"吴薇注重的是参与的过程而不是结果，所以尽管在分赛区的比赛中，她只得了第四名，还是积极地参与到总决赛的培训中，把自己最好的精神风貌带到总决赛。这次，吴薇笑到了最后，把"中国环球小姐"的桂冠紧紧握在自己手中。

问到吴薇夺冠的最大优势是什么，吴薇笑着说，自信是对美丽最好的表现。"其实我始终都认为自己是个平常人。环球小姐的比赛就是为我这样的普通女孩准备的，每个自信的女孩子，都能站到这个舞台上，我得了奖，是我刚好得到了一次机遇。"

自信的女人才美丽，对女人来说，缺少自信的心理是"扼杀"美丽的凶手，自信不足，就无法体现女人特有的魅力，更不会成就、主导自己的人生。拥有足够自信的女人，才能展现美丽，描绘绚丽的人生。而女人的自信不仅仅来自于外貌以及外在的物质的丰足，更来自丰盈的内心世界，来自那颗自信的心灵。

自信不像容貌，天生就有。自信是后天培养出来的，是在孜孜不倦地追求人生、生命的最高质量和境界中，用内在的灵感和魅力去拥抱和欣赏自己的生活自然形成的。不论在什么场合，能谈笑风生，落落大方；衣着得体，动作恰到好处，定能在众多美女中脱颖而出，成了男人们眼里的一道风景线。

女人拥有自信，便获得了感染、影响他人的人格力量。自信女人的言谈举止给人一种如沐春风、如饮甘泉的感觉。自信和魅力是女人永远美丽的法宝，拥有自信和魅力的女人一生都是美丽的。

每个女人都想拥有靓丽的容颜、苗条的身材。可这些也往往会成为无法摆脱的重负，将她们羁绊在尘世当中。为了容颜和身材，一些女人花大把的时间和金钱去美容、健身。其实真正的美丽，是一种光彩，是自然而然的流露，是一种扑面而来的感觉。美丽就是女人的自信、从容，这样的女人会从头到脚都透着优雅。

自信对于女人来说是很重要的一种品性，有自信的女人总是能坦然地面对社会、面对生活赋予她的一切，自信会让人变得更美丽。

第三章

生活不止眼前的苟且，还有诗和远方

＊ ＊ ＊ ＊

在心底给自己的爱好留片地

兴趣爱好是一个人的精神食粮，支撑着女人的精神世界。它犹如女人心灵的一块绿洲，在人生旅途干涸的时候，滋润慰藉女人的心灵，它不但能陶冶女人的情操，培养女人的气质，让女人除了为人妻为人母外，还能高质量地生活。

人总是会累的，在生活的海洋里漂泊，总有需要靠岸的时候。爱人可能会离去，金钱可能会散尽，朋友可能会疏远，那么你的兴趣爱好便可能成为最后的港湾，成为心灵的栖息之地。即使只有一个爱好，也能在和爱人生气的时候让自己开心，在事业不顺的时候给自己勇气，在遭遇挫折的时候找回信心，这就足够了。

一次争吵中，他说她乏味，说她市井，满脑子全是鸡毛蒜皮的小事。

这样的话，深深刺痛了她的心。只是七八年的光景，怎么一切都变得那么陌生？当年，她是多么浪漫的一个人，喜欢读书、喜欢旅行、喜欢交友、喜欢茶艺。当然，她还是个爱情至上的人。大学毕业后，她原本打算考研究生，可是男友一再恳求她结婚，她就毫不犹豫地嫁了。

很快，丈夫要去读博士，而她又有了孩子，只得在家里做全职主妇。丈夫越来越忙，为了不让他分心，她把一切都扛在自己身上，心甘情愿。两个人之间所处的环境差异逐渐拉大，可以沟通的东西越来越少。她有点委屈：为什么自己做了这么多，他却视而不见呢？

直到那天，他们为了买书柜的事吵起来，丈夫竟然说了那番伤人的话。她实在接受不了。可是，想想自己的现状，才三十多岁，过的日子却跟五十多岁退休的人没什么区别。难道为了家庭，女人必须得这样吗？就不能有自己的爱好，自己的一片天了吗？

几日后，她给家里找了保姆，让公婆帮忙带孩子，自己开始"重操旧业"，去茶舍上班了。她喜欢闻茶叶的清香味，也喜欢茶舍这样安静清闲的地方。工作中，她结识了许多有品位的朋友，这让她觉得世界好像变大了。几年后，她已经成了这间茶舍的经理，偶尔闲暇的时候，她也会在店里、在家里品茶。她给丈夫介绍茶艺的时候，丈夫的眼神里有欣赏、有尊敬，而她更是从骨子里散发出一种自信。

有的女人为了家庭默默付出，在生活的压力下，她们悄悄把自己的爱好收藏起来了。其实，真的不必如此。无论是恋爱阶段还是婚后，两个人在一起都应该是让彼此更加独立、更加快乐，而不是谁为谁放弃自我。有人说，在一起的两个人就像是两个交叉的圆，交叉的那部分就是彼此可以分享的领域，未交叉的部分是个人成长的空间，彼此都保留原来的个性和空间，如此才会有长久的吸引力。

更重要的是，当女人有自己的爱好，有自己的精神领地时，她会生活得更快乐，也会愈发自信。就算是人过中年，可那份心灵上的富足所折射出的美，也会闪亮耀人。

20年前，白嘉和郝雯都是漂亮的女人，她们情如姐妹，从人群中走过，总会惹来众人的频频回顾。二十年后，她们都已步入中年，不同的是，白嘉的身上早已没有了当年的那份美丽，而郝雯身上却散发出一种中年女人别样的成熟韵味。

让两个美丽女人拉开距离的，不是无情的岁月，而是她们自己。

白嘉的丈夫当年的一番热烈追求，让她迷失了方向，只因他说"我会对你好一辈子"，她就彻底放弃了所有，安心在家里做个小女人。起初，她沉浸在爱情的喜悦中，收拾房间、洗衣服、把小家打理得干干净净，每天做好饭，等着丈夫回家。这样的日子，一两年下来相安无事，可到了第五年的时候，一切都变了。

白嘉没有出去工作，对外面的世界不了解，家里的负担全靠丈夫承担，这时候他们已经有了两个孩子。丈夫有点力不从心，也有点厌倦。每次到朋友家做客时，他也会让白嘉打扮得很漂亮，可外在的"包装"永远掩盖不了内心的匮乏，白嘉也感觉自已已经"落伍"了。丈夫和朋友讲的事情，有一部分她根本没听过，更不了解。丈夫跟朋友提及的那些烦恼，她也是第一次听说。她问起丈夫为什么不跟自己说说，丈夫却说："说了你也帮不上忙。"

白嘉没有一技之长，也没有什么特别的喜好，平淡的日子渐渐磨去了她的美丽。她变得爱唠叨，有事没事就跟街坊四邻闲聊，说的全是张家长李家短的琐事。

郝雯读完高中后，因为父母身体不好，放弃了继续读书的机会。身为大姐的她，进了毛巾厂工作，担负起养家的重任。工作之余，她有个爱好，就是织毛衣。她是个爱美的女人，经常给自己织各种各样的围巾、披肩和毛衣。有一次，她围着一款别致的披肩出门，路上遇到一位很有品位的太太，非要买她的披肩。她承诺，可以帮她织一条。从这件事开始，她突然萌生了要开一间精品毛衣店的想法。后来，郝雯辞掉了工厂的工作，专心做自己喜欢的事。

几年之后，郝雯的店就做起来了，生意很红火。其实，郝雯的丈夫在机关单位做科长，家庭条件也不错，他一直劝郝雯别太辛苦。但郝雯自己并不觉得辛苦，她觉得女人有一份爱好，能做自己喜欢的事，挺幸福的。况且，自己在开店的过程中，接触了很多人，也跟不少顾客成了朋友，这种充实的生活让她找到了自己的价值。

如今，已经40多岁的郝雯，走在街上仍然是一副很有气质的样子。她的店也跟她的人一样，与时俱进，只要顾客拿来喜欢的毛衣款式，哪怕是网上看到的款式，只要有图片，她就给顾客定做。店里的毛线种类齐全，总能给顾客提供最舒适、最满意的衣装。她自己也喜欢设计一些新款式，做出一两件来穿在身上，这比做广告更直接，也更实在。

20年来，郝雯始终没有放弃自己的爱好。这份精神食粮，让她的心灵找到了港湾，也为她的生命创造了一大笔财富，就像是一次性存入银行，源源不断地产生"快乐利息"。

女人一定要培养自己的兴趣爱好。难过的时候，兴趣是你最好的老师，引导你走出心底的忧伤；快乐的时候，兴趣是你的密友，分享你的甜蜜；乏味的时候，兴趣是你的恋人，给你恋爱时的激情；寂寞的时候，兴趣是你的亲人，伴你走过最孤独的心路历程。

用你的兴趣爱好，以另一种方式融入这个世界，融进人们柔软的心灵深处。也许，你会在茫茫人海中找到知音，找到心灵有共鸣的那个懂你的人，即使没有，孤芳自赏也未尝不可，同样能给你带来一份优雅、一份宁静、一份淡泊、一份宽容。

伟大的思想家罗兰曾经说过："当你所做的事情是你自己的爱好时，你会发现你做起事情来就事半功倍。爱好能够让人变得聪明，爱好也能够给人们带来动力。人做自己喜欢做的事情就会在其中得到快乐，在困难中得到鼓励！"

女人有了自己的兴趣爱好，生活就不会那么紧张。修身养性，提高生活品位，并且乐在其中，是一件很舒心的事情。从这些兴趣爱好中寻找乐趣、寻找情调、寻找生活的色彩，就能让原本美好的日子更加闪闪发亮。

灵魂与身体，总要有一个在路上

穿梭在拥挤的人潮，时间久了，心灵就会被蒙上一层厚厚的尘埃，压抑着人的情感，遮盖着心的方向，让人在不知不觉间迷失自我。爱自己的女人，此时会给自己寻找一个宣泄的舞台，让自然的空气荡涤心灵，让自然的风雨洗掉尘埃。

假日，李雪独自回乡小住，两周的日子不长也不短，充满了情趣。

早晨，李雪拎着一篮子衣服，在阳光下，伴随着鸟儿的叫声，慢慢地走到对面不远处山下的河边去洗。李雪喜欢河边的几块青石板，在上面洗衣服感觉很惬意，所以，她心情无比轻快地慢慢搓洗着。

夏季是各类瓜果成熟的季节。下午，李雪走到西红柿秧苗边，蹲在旁边仔细观察，发现有熟的，就毫不客气地摘下来，在手心里摩挲几下便送到口中，品尝那份独有的新鲜美味；来到葫芦架下，看到那大大小小的葫芦悬挂，她忍不住用手抚摸，葫芦悠来荡去；看着那金黄色的南瓜花上蜂飞蝶舞，她忍不住去捕捉这些生灵；看着喜鹊飞来飞去，听着不知名的鸟叫，她将视线投向门口的大树，在一棵棵树上搜寻它们的窝。

傍晚，李雪蹲在菜园里捉虫子，唤母鸡享用，她用手抚摸着母鸡的背，母鸡也很顺从地任凭她这样做；看着在一起嬉戏的小猫小狗，咬着尾巴，蹭着脖子，高兴时一起撒欢，生气时怒目对视，而她则在一旁分享它们的快乐。

每天在恬静和意趣中度过，李雪的心很平静，没有任何杂念和烦恼。乡村生活的宁静是物欲喧哗的城市所不能营造的。那些普通的生活中，总有一种朴素的感动，暖暖地盈满李雪的心头。

独自一人走在路上，看陌生的风景，见陌生的人，那种充实与满足感，是一种特别的人生体验。那不是一场简单的行走，而是在行走中寻求精神世界的富足，借助行走的时光来感悟生活、感悟生命。人找到了自己的精神世界，就不用再借助外界来填补心灵的空虚。

年轻时，她以为自己要的，不过是一个体贴的丈夫、一个可爱的孩子。可是，婚后的她却发现，自己既不想要丈夫，也不想要孩子。她人是自由身，心却如置于牢笼，她像被什么东西拴住了一样，动弹不得。这种纠结，让她每天生活在悲伤、恐惧和迷惘里，除了累还是累。

某天清晨，她走在上班的路上，忽然下起了大雨。被大雨淋透了的她，突然忍不住大哭起来。她没有去公司，窝在家里躺了一整天。她脑海里突然冒出一句话："一辈子总该有那么一回，无所畏惧地背起行囊去独自旅行。"为了给自己时间和空间想清楚，她给上司发了一封邮件。然后，她收拾好行囊，给丈夫打了一个电话，说自己想出去散散心。这一走，就是两个月。

她没有去其他的大城市，而是选择了清静的郊外。在那里，没有城市里的车水马龙，没有匆匆忙忙的步伐，一切都是那么自然、淳朴。她住在一间别致的农家院里，享受着纯天然的农家饭，偶尔骑车到附近的海边散心，或是跟着农民们一起下田。晚上在房间里，她听着喜欢的音乐，读着自己喜欢的书，似乎感觉到了灵魂的"重生"。

一个月的时间，她走进了自己的精神世界，洗涤了自己那颗有些污浊的心。她突然发现，自己从来没有认真地享受过这份轻松惬意。在旅行的日子里，她和自己的心灵进行了一次沟通，为躁动不安的灵魂寻回了久违的宁静。旅途结束的时候，她突然想起了丈夫，想起了自己的家。她萌生了想念，也终于明白，自己不是不爱他们，只是从前靠得太近，忘了给自己的心留一片缓冲的"空白"。

当你感觉生活太疲惫，理不清头绪，想暂时地喘息一下时，不妨出去走走。只是，千万别以为生活在远方，奢望着在旅行中找到快乐。要知道，心灵上的束缚和压抑，不是换一个地方就可以解脱的，你若不能在旅途中寻回自己的心，那么走得再远也只是徒劳。有人曾经说过一句话："走遍了全世界，也不过是想找一条走向内心的路。"想借助旅行缓解身心的疲惫，就要明白旅行的意义，以及带着什么样的心去旅行。

真正成熟并懂得生活的女人，看风景用的不是眼睛，而是心灵。

惠子是一个始终"在路上"的女人。山水洞石、亭台楼阁、花草树木、飞禽走兽，自然界的一切在她眼里，都有钟爱的理由。有些人总是不解地问：外面的城市有什么特别，灵隐寺没比家乡的寺庙高明多少，家门口的景区湖也不比滇池差多少，何必要跑那么远？

这些年，这样的话，惠子听过太多。她不解释，一笑置之。山水湖泊、庭院阁楼，是有很多的相似之处，可它们的气质不同，文化底蕴也不同。有些女人去旅行是为了增长见识、富足心灵；有些女人去旅行只是为了拥有炫耀的资本，如此而已。惠子的旅行，更多的是心灵的充实，唯有文化底蕴深厚的地方才能留住她的脚步。她深信，真正懂得生活的女人，看风景用的不是眼睛，而是心。

旅行的日子里，惠子从不带相机，手机也总是关机，她只想避开尘世的纷扰，清一清心中的污秽，去一去世俗的浮躁，忘却生活的烦恼。坐在一望无际的海边，身处清幽的小径，站在一览无余的山顶，她任由思绪天马行空，然后回归心灵，体会那个真正的自己。此间快意，无以言表。

旅行的日子里，不用看电脑，不用关注今天房价涨了没有，不用关心娱乐圈里谁又有了新绯闻，不用担心朋友会用电话铃声把自己吵醒。等到收拾好心情回去之后，才发现身边有了太大的变化：银行减息了、油价降了、男友加薪了……惠子淡淡地笑：生活，竟是这么惬意。

旅途中的点点滴滴，青的山、绿的水、从未看到过的动植物以及种种未知的一切，都充满新奇和乐趣。旅途中的观摩、游玩能丰富人的知识，开拓人的视野，丰富人的体验，增加人的阅历。行万里路，收获的不仅仅是知识和技能，还有与人相处、独立思考和处理问题的能力。

微博上流传着这样一段话："人一定要旅行，尤其是女孩子。一个女孩子，见识很重要，你见得多了，自然就会心胸豁达、视野宽广，这会影响到你对很多事情的看法。旅行让人见多识广，对女孩子来说更是如此，它让你更有信心，不会在精神或物质世界里迷失方向。"

懂音乐的女人更有气质

无论是谁，总会有一些闲愁，而一个懂音乐的女人往往能在音乐的世界里找到寄托。当人精神空虚时，沉醉在音乐中，身心就像受到雨滴的洗礼一样，很快变得舒畅起来。

"夜晚，在游轮的酒会大厅，他深情地弹奏着。钢琴随着飓风大浪左右摇摆，在光滑的地板上，合着音乐的节拍，左右不停地转圈、滑行。他的身心与音乐，与轮船，与大海，紧密地融合在一起。他是个奇异的音乐家，可他拒绝发布音乐胶片，他说他的人和音乐不可以分开。最后，当废船被炸毁时，他毅然选择与船、钢琴、音乐，一起沉没于海底。"

这是电影《海上钢琴师》中的片段，王楠第三次看这部电影。她像电影里的主人公1900一样，爱钢琴，爱音乐。她之所以学钢琴，是受母亲的影响。母亲是一位音乐教师，可惜在一次事故中不幸失去了左臂。出事后，她无意间看到母亲望着钢琴泪流满面的样子，她知道，母亲是在缅怀她失去的"挚爱"。从那时起，她便想要学钢琴，去弹奏母亲亲自谱写的曲子。

眨眼间，钢琴已经陪她走过二十个春秋。她和母亲合作了几十首曲子，也让母亲在她身上感受到了生命的希望。更重要的是，音乐给了她温和的性情、不凡的气质和自爱的心境。

闲暇时，伴着温暖的阳光，静静地坐在窗前，弹奏一支舒缓的曲子，感受到的是满满的甜蜜。有音乐的日子，她从未觉得生活空洞乏味，在别人抱怨无聊的时候，她总能把时间安排得刚刚好。

寂寞时，她不会用网络游戏打发时间，也不会去泡吧做夜归人，更不会为了告别孤独的日子而随便恋爱。她会找知心的朋友聊天，会出去逛逛街，买点心爱的玩意儿。再或者，干脆就在家里闭着眼睛弹琴，任时光在指尖溜走。这份自爱、沉稳，让她变得愈发淡然。她知道，在这个充满诱惑而又浮躁盛行的年代，耐得住寂寞的女子，才能守得住繁华。

爱生活，爱音乐，爱自己。音乐改变了王楠的人生，带给她无尽的感慨，而她也乐于用音乐去安慰身边的朋友。

朋友佳薇失恋之际，趴在她的肩头痛哭。她什么也没说，静静地放了一首陶晶莹的《女人心事》：

"曾经，我也痛过，我也恨过，怨过，放弃过，在自己的房间里觉得幸福遗弃我。如果没有分离背叛的丑陋，怎么算是真爱过？请你试着相信一爱再爱，不要低下头，别怕青春消失，就不信单纯的美梦，我在这岸看着你，又为你的坚持感动，你会的，有一天会幸福的……"

透着伤感却又充满希望的音乐，把她想说的一切都说了。这样的安慰，这样的祝福，比起跟朋友一起咒骂负心离去的他，更能安抚朋友那颗千疮百孔的心。临别之际，她送了一张CD给佳薇，是班得瑞的钢琴曲，她最喜欢的一张碟。她说，如果言语安慰不了自己，就让音乐来安慰自己，没有歌词的音符，你可以随意地想象，把回忆、难过都放到里面，让它们随着音乐慢慢散去。

深夜，佳薇窝在靠窗的沙发上，开着一盏淡紫色的小灯，手里端着半杯红酒，耳边响起了班得瑞的《初雪》，刚好外面的天空正飘着雪花。她打开窗户，一片晶莹的雪花飘落在她脸上，冰冰凉凉的，让她顿时清醒了许多。

注视着外面渐渐亮起来的世界，跟着轻缓的音乐，佳微彻底清空了所有的想法。此刻，脑子里没有他，没有过往，没有悲伤，只有音乐，只有雪花。一首歌之后，她突然感觉，白天那乱糟糟的心绪变得平静了。

莫扎特曾说："生活的苦难压不垮我，我心中的欢乐不是我自己的，我把欢乐注进音乐，为的是让全世界感到快乐。"女人的生命里不能缺少音乐，它是天使的语言，最容易触动心灵，带来至美的享受。音乐可以把灵魂深处的本质力量完整地呈现出来，给心灵最好的滋养。

人生的旅途中，不是所有的话都能够找到倾诉的人，不是所有的心情都能与人言语，更不是每个听者都能懂得你真实的感受。纷纷扰扰的尘世中，每个女人都该给自己最好的宠爱，寻找心灵的安慰，闯过生命的阻拦，抵达平静的彼岸。当音乐响起，所有的喧嚣戛然而止，不美丽的心情会随风而散。茫茫人生路，音乐就像一位最忠实的朋友，与你朝夕相伴，在你的心间恣意地流淌。

空虚寂寞的时候，听听贝多芬的《命运》、圣桑的《死的舞蹈》，还有斯特拉文思基的《火鸟》第一乐章，跌宕起伏的旋律，富有激情的演奏，会让你摆脱不安的心情；紧张焦虑的时候，听听格什文的《一个美国人在巴黎》、贝多芬的《A大调抒情小乐曲》，放松又松弛的音乐，会给心灵"松绑"，释放紧张的思绪；沮丧低落的时候，听听优美的轻音乐，比如施特劳斯的《圆舞曲》，让你的情绪得到放松；贝多芬的《奏鸣曲》和柴可夫斯基的音乐，则会让你在沉思与反省中，认清自己，摆脱烦恼。

在梦里，在爱里，在无限的思绪里，让音乐缓缓流过，演绎出你曾经想象却难以捕捉的画面。爱自己的女人，不会丢下音乐；爱自己的女人，会在音符中得到陶冶，会在时光的流波中永存希望。

取得小小的成就时，送份礼物 "犒劳" 自己

生活中，我们都习惯把奖励送给别人。孩子考了好成绩，奖励一件礼物；朋友取得了成功，带着礼物去道贺；父母身体检查结果良好，去饭店吃一顿庆祝一番……却唯独没想到自己取得了小成就时，送一份礼物 "犒劳" 自己。礼物不需要多么值钱，有时只是一本好书、一部精彩的电影、一个闲暇放松的下午茶时间，甚至只是睡上一个懒觉那样简单。

苏珊是一个阳光的女人，她身上具有水乡女子的温柔，温暖而淡然。她在北京，住在自己租来的一室一厅内。她朋友不多，也并不经常到她家来。因为来北京闯荡，她和大学时的男友分手了，目前单身，在广告公司工作，清闲的时候整日无聊，忙碌的时候整日东奔西跑。这样的生活让别人看来似乎少了一些快乐，多了一分孤单，苏珊的母亲甚至经常催她回家发展。她却认为自己的生活是非常有滋有味的！

周末的时候，苏珊有时间就会去做义工，给民工小学的孩子

上课或者去养老院看望老人。工作累了，苏珊会学习一些美食的做法，好好地犒劳自己一顿。苏珊喜欢养花，在阳台上摆满了各种盛开的花，看着这些美丽的花，苏珊总会开心地笑。到了各种节日，如果没有和朋友相约出游，苏珊就会去逛各种饰品店或商场，给自己买一份可爱的礼物，让自己一个人的节日也变得丰富多彩。

因为这份对生活的热情和乐观，苏珊吸引了公司无数男孩子的目光。后来，苏珊与一个喜欢的男孩相恋结婚，她也不再是"北漂族"了。

苏珊是一个很注重生活情趣的人，她懂得怎样调适自己的生活，懂得怎样享受生活。即使没有人在节日里给你送上真诚的祝福，即使没有人在你取得成功时送份礼物，也不要抱怨。你可以自己给自己送上一份礼物，一句温馨的祝福，一份暖暖的情愫，这些足以让自己感觉到幸福。

取得小小的成功时，给自己颁一个"奖"，是一种有效的自我激励。奖赏别人，有助于激发别人，使事物朝好的方向发展。奖赏自己又何尝不是这样？不断进行自我奖励，会使你的成就和你的行动连成一体，为你提供持久不衰的动力。

一个懂得"奖赏自我"的女孩这样叙述自己的经历：

小时候，帮母亲做了一点家务，她就会笑着奖给我一颗糖；读书时，每次考了高分，父亲也会不时拿出点奖品作为奖赏。那时候，我经常会为了得到糖果、玩具等而主动做家务、努力学习。现在，我不再依赖父母的奖励，而是不断地奖励自己。大学毕业后，我所在的单位资不抵债，宣布破产。有很长的一段时间，我因为胆小，怕面试时用人单位对自己说"No"而待在家里。几个月过去了，我无所事事，父母用微薄的工资来养活我这个已成人的"小孩"。有一天，我对自己说，如果今天我去两家公司应聘，回家时就给自己买下那条心仪已久的长裙。我做到了，记得当时我是用向母亲借的钱来完成对自己的承诺的。一星期后，我居然同时收到两家单位的用人通知。

生活中有许多东西可以作为奖品：心仪的衣物、可口的美食、好听的CD，或是美美的一觉。生活的美好与否都是由自己创造的。故事中女孩的自我奖励，无疑给了自己一个肯定的信号、一份信心、一个继续努力的"支点"。成功实属不易，多一点自我奖励，会激励自己轻装前进。

有人一生忙忙碌碌，也许拥有整个世界，却不会感到快乐。其实，快乐很简单，取得小小的成功时，送件礼物"犒劳"自己，在激励自己的同时，也会给自己带来一份快乐的心情。

每个人都是一道风景，或许平凡，或许美丽。每个人都喜欢得到奖赏，因为那是一种发自内心真诚的赞美，更是一种由衷的祝福。请不要吝啬，请随时地奖赏一下自己，不要忘了自己才是最忠实的"观众"。

善待自己，关怀自己，就是对生命的奖赏！

一杯咖啡的温度，一份慵懒的幸福

优雅的女人也可以说是有情调的女人。这样的女人有时会利用很"女人味"的情调，给平淡的生活增添一点色彩，制造一些浪漫。所以要成为一个优雅的、有情调的女人，在现实生活中应该学会欣赏美好的事物，并且让欣赏成为自己的一种生活姿态。

曾有人说，女人像咖啡，女人不同的特质，犹如咖啡不同的种类。

浪漫是卡布奇诺，涌起细腻、可爱的泡沫，给人无尽遐想的空间，回味香醇令人陶醉；韵味是蓝山，优雅动人的体态，悠然的味道，是映在眼睛里、刻在心里的倒影，百转千回；娇媚是哥伦比亚，若有若无，若隐若现，悄无声息地打扰了安静的灵魂，让灵魂再无法平静；温柔是巴西山度士，温和清爽，像一位含蓄而充满内涵的朋友，在需要的时候给你安慰；坚强是浓缩咖啡，在生活的压力下榨出独特的味道，尝起来是浓浓的苦，想起来却是淡淡的香。

其实，女人不只要像咖啡，女人的生活更需要咖啡的情调。

徐静经营着一家美式乡村风格的咖啡屋。经典的乡村音乐，让走进咖啡屋的人顿时感到轻松。她说，她爱自己，爱音乐，爱咖啡，爱情调。这间咖啡屋，是她的生意，更是她的"栖息地"。提及她的咖啡情缘，她缓缓地说——

"那是七年前的事了。我下班后，去了朋友推荐的咖啡屋。一下车，就完全被浓郁的咖啡香气吸引了。马路对面是一片青草绿地，混合着这股香气，我感觉一天的疲倦都消失了。也许，我骨子里就是一个爱浪漫的人，我总觉得，闲暇的时候去喝咖啡，是女人宠爱自己的方式，是一种情调。

"咖啡屋的门把手是木头的，玻璃门上挂着一块木质的牌子，上面刻着一行英文：Coffee and Life（一杯咖啡，一种生活态度）。进去之后，看到的是橘黄色的灯光，是五颜六色的咖啡包装袋，墙上和地上都印着咖啡文化。我第一次觉得，咖啡竟然可以这样美。

"晚上，咖啡屋的客人进出不断，老板特意播放着比较欢快的爵士乐。我找了一个角落坐下，点了一杯摩卡。这里的服务生很有特色，不是普通的雇员，而是喜欢情调、喜欢咖啡、喜欢美语的自由职业者。原来，这家店的老板是一个美国小伙。服务员耐心地给我介绍着咖啡文化，说每种咖啡豆的不同口味，并且根据我的口味帮我挑了一款偏甜的咖啡豆。可以说，这又是一次惊喜：我除了可以挑选咖啡的种类，还可以挑选不同的咖啡豆。

"夜幕降临，品着咖啡，听着音乐，望着灯火辉煌的街头，一种惬意、幸福感油然而生。工作的烦恼、生活的压力，在这一刻都化为了乌有。我有点爱上这种感觉了。一杯咖啡快喝完了，我却意犹未尽。我突然觉得，这不仅仅是喝一杯咖啡，更是在享受一种氛围、一种情调。更重要的是，比起逛街购物犒劳自己，这种慢节奏的放松，让我的心更平静。

"从那天起，我就想开一间自己的咖啡屋。我不是随意说说，也不是为了逃避生活而突然萌生的念头。之后，我就开始利用业余时间学习有关咖啡的知识，也经常来这间咖啡屋和热情的美国老板交流。他很好，教了我很多东西。我利用这几年的积蓄，外加向父母借来的一些钱，最终开了自己的咖啡屋。"

坐在这间咖啡屋里，看着柔和的光线从墙上精致的壁灯里流泻出来，耳边响起清新的乡村民谣，轻轻地诉说着纯粹的情怀。在这样的氛围里，来一杯浓香的咖啡，让夹杂着苦涩的芬芳传遍身体的每一个细胞……这样绝美的情调，这样细腻的情思，唯有如水的女人，唯有懂得生活、懂得宠爱自己的女人，才可以感受得到。

一杯咖啡，品味苦涩，品味浓香，品味生活，品味自己。在生活的繁忙中，抽身而出，卸下伪装与疲惫，无比惬意地端起一杯咖啡，将快乐或伤感的心事融合在咖啡里，静静地沉淀，慢慢地怀想，把一杯咖啡喝得悠深绵长。这样的女人，无疑是最有情调的女人。

徐静说，咖啡就像有内涵的女人，需要细细地品味。她曾见过有些年轻女孩因为赶时间，又不想直接点冰咖啡，就在热咖啡里加冰。出于尊重，她并未说什么，只是她希望每一位享受咖啡的顾客，都能真正地了解咖啡，会品咖啡。

后来，徐静在咖啡屋的书架上，放了许多自制的咖啡馆期刊，里面附着品咖啡的讲究——

不管咖啡豆的品质多好，冲泡技巧如何高明，若不趁热去品尝，都无法感受到咖啡原本的风味与口感。冲泡咖啡时，为了保证咖啡的味道，把咖啡杯在开水中泡热，在83℃的那一刹那冲泡咖啡，倒入杯中时刚好80℃，到口中时62℃左右，最为理想。

咖啡端上来，先要尝一口纯咖啡。因为每一杯咖啡都是经过五年生长才能够开花结果的咖啡豆，经过一系列复杂的工序，再有煮咖啡的人悉心调制，若不趁热品一口不加糖、不加奶的纯咖啡，实在可惜。好咖啡微苦，口感醇厚，由奶香到咖啡香，层次分明。

咖啡匙如何用，是一个细节。经常喝咖啡的人都知道，咖啡匙只能用来搅拌咖啡，搅拌后要将其放在一边。

喝咖啡时配一些点心，但不能一手端着咖啡，一手拿着点心，吃一口喝一口地交替进行。喝咖啡时放下点心，吃点心时放下咖啡杯。不要说这是矫揉造作。真正优雅的女人，不管何时何地，都会留一份精致的姿态。

女人再忙再累，也要挤出一点时间，给自己留一块精神的领地。给自己煮一杯温热香浓的咖啡，或者在阳光满满的日子里，找一间别致的咖啡屋，在袅袅的香气中调整情绪，"宠爱"一下自己。你品的是一杯咖啡，收获的却是满满的幸福。

气质美女也需有几道拿手菜

在暖暖的灯光中，一家人围在桌旁，一起分享你精心为他们做的晚餐，感动与浓浓的亲情会在这一顿美味中悄然流动，一幅温馨的画面映在眼前。

有一个女孩最讨厌下厨做饭。她的父亲也不喜欢下厨，可是她的母亲却喜欢下厨，尤爱做鱼香茄子。她不明白母亲为什么那么喜欢那道菜，每次都要吃个底朝天。

一次，女孩又和男朋友吵架了，起因就是做饭问题。她懒散地坐在沙发上看电视，男朋友不停地用眼神示意她去帮帮厨房里的母亲，她故意视而不见。几个回合后，男朋友忍无可忍，大声责备她："从没见过像你这么懒的人！"她也火冒三丈，一字一顿地回击他："现在你看见了。你后悔还来得及，我告诉你，我就是不做饭，现在不做，以后也不做！"

男朋友正准备拂袖而去，被听到动静从厨房里出来的母亲拉住。

母亲给他们讲了关于鱼香茄子的故事。

那是20多年前的一个周末，家里要来客人，母亲忙不过来，就叫父亲帮忙洗洗菜递递碗什么的。千呼万唤，父亲却只应着不挪步，眼睛都不肯从书上移开一下。油锅"呼"一下着了火，母亲又气又急，手忙脚乱间还把锅打翻了，烫伤了脚。

那时，父亲和母亲刚刚结婚。母亲是个很能干的女人，风风火火，不但工作上干得有声有色，而且家务事也样样来得，尤其烧得一手好菜。父亲简直是过着衣来伸手饭来张口的"少爷"生活。所有人都羡慕父亲，说娶到母亲真是他一生的福气。

母亲卧床那些日子，突然变得很爱吃鱼。那时，生活水平很低，吃鱼吃肉一般是过年过节才有的奢侈。母亲的伤，已经花了很多钱，几个朋友那里都已经借遍。所以，给母亲买过两次鱼以后，捉襟见肘的父亲就只有愧疚和无奈了。

大约过了一个星期。父亲在晚饭时间兴冲冲端了一盘菜放到母亲面前。母亲吃了一口，说不出是什么鱼，细细咀嚼，发现不是鱼肉，却有鱼的鲜香滋味。父亲得意洋洋地笑："这叫鱼香茄子，味道好吧？"

原来，父亲托朋友找了一个食堂大厨拜师学艺。人家本来不肯教的，但他好说歹说，大厨感动了，才把这门绝活教给他。家常菜其实是很难做的，靠手艺。父亲学了一个星期，才有点眉目。他像献宝一样，不停问母亲："好吃吗？"还说，以后再也不袖手旁观了，一定会帮母亲一起做家务活。母亲一边吃，一边掉眼泪，眼泪和着菜，全是幸福的滋味。

故事讲完，母亲擦擦眼角，轻叹一声："一晃也吃了这么多年了。好像还有很多滋味呢。"刚下班进门的父亲也语重心长地接口："为一个所爱的人做饭，其实有时候就是一种乐趣。两个人在一起，本来就应该互相体谅和包容。"

女孩终于明白了鱼香茄子的含义——为所爱的人做菜，本身就是一种幸福。

当一个女人懂得真爱的时候，往往会为所爱的人学做几道拿手好菜。当看着心爱的人品尝自己做的菜肴看的时候，一定会深刻地体会到平凡生活中爱情的滋味，不需细诉却满室生香。一个人为心爱的爱人下厨时，自有无限魅力。

所以，女人要有自己的几道拿手菜，就算要做气质美女，也要做个食人间烟火的气质美女。系着围裙做几道美味的菜，不仅不会让女人的气质丢掉半分，反而会更添魅力。

晓雅刚认识石峰那会儿，为了显示自己的厨艺，为石峰做了几道菜，其中有一道菜是"泥鳅炖豆腐"。后来，石峰对晓雅说，自从他吃了晓雅做的那道"泥鳅炖豆腐"后，就想将来能娶她为妻该多好啊！于是在婚后，晓雅每隔几天就做一次这道菜。

其实，那道菜虽然简单，但晓雅做得却极有味道，色香味俱全，显然是花了一份心思在里面的。

对于做菜，晓雅倒是天生的有些"灵性"。在外面吃饭点菜时，如果点了晓雅感兴趣而又不会做的菜，她会千方百计地找到人家的厨房，向厨师们学习一番，然后回家好好研究，再做给石峰吃。她最喜欢看到石峰享受美食后那种赞赏的笑容。

不管晓雅做的菜别人吃来是不是美味，石峰总是会在和朋友们吃饭时很骄傲地说："有时间去我家做客，我老婆做的菜不错，这一辈子我是享尽了美食。"晓雅能想象得到石峰说这话时脸上幸福的神情，也能体会到石峰说这话时的骄傲和得意。

女人有自己的几道独特的私房菜，不仅会让自己的生活更有质量，也会让自己更有魅力。因此，不要怕因为做饭而弄脏了自己白皙的双手，真正有气质的女人，不会介意厨房里的油烟味。

别再等了，从现在开始享受生活吧

人们似乎都很愿意牺牲当下，去换取未知的等待。殊不知，人生的时间是有限的，而时间是无法储存、无法珍藏的。人生错过了，也就错过了，失去的便永远不再来。

从前有一个富翁，他家地窖里珍藏着很多葡萄酒。其中一坛品质上乘、历史悠久，被深埋于地下，这只有他知道。州府的总督登门拜访，富翁提醒自己："不，不能开启那坛酒，这酒不值得为一个总督启封。"国王来访，和他同进晚餐，但他想："国王不懂这坛酒的价值，喝这种酒过分奢侈了。"甚至在他儿子结婚那天，他还自忖道："不行，不能拿出这坛酒，要等到最重要的时刻才可以。"

随着时间的流逝，富翁地窖里的葡萄酒被喝了一坛又一坛，唯独那坛葡萄酒没有人动过。富翁死后，下葬那天地窖里所有的酒坛都被搬了出来，除了那一坛陈年老酒，因为没有人知道它埋在哪儿。就这样，这坛酒依然被深埋在地下，一年又一年，也没有人知道它的味道有多醇香……

美丽的东西不去享用，平白冷落，便是一种"糟蹋"。若将希望寄予等到方便的时间才享受，我们不知会错过生命中多少美好的东西，失去多少可能的幸福，这就像没有在最适当的时候去做最适当的事情，想起来都是一种遗憾。

生活，不只有柴米油盐，还有咖啡和红酒；不只有眼前的苟且，还有诗和远方。

一个自认为成功的年轻人来到巴厘岛旅游。一天，他不小心摔破了眼镜，不得不中断行程，叫了一辆出租车返回旅馆。在车上，他向司机询问修眼镜的地方，司机告诉他说，只有到首府才能修好眼镜。年轻人闻言，随口叹道："这里真是太不方便了。"

司机不以为然地笑着说道："这里很少有患近视眼的人，所以并不会感到不方便。"闲聊了一会儿后，司机不俗的谈吐，使这个年轻人决定第二天包他一整天的车，借到首府修眼镜的机会顺便欣赏一下沿途的风光。

司机考虑了一下，同意了年轻人的要求。第二天，他们准时八点出发，很快便到达了首府。修好眼镜的年轻人在首府逛了一上午后觉得有些累，便产生了打道回府的想法。但他一想到司机可能为了接这笔生意，而推掉了许多原有的安排后，就不好意思开口说想要回去了。在经历了一番激烈的思想斗争后，年轻人终于下定决心向司机小心询问道："不好意思，司机先生，如果我现在只想包半天，不知会不会给您带来极大的不便？"

出人意料的是，司机竟然分外高兴地说道："没有没有。其实你昨天说要包一整天车的时候，我还犹豫不决呢，若不是因为咱俩聊得来，我定不会接受全天包车的。"

"为什么？"年轻人感到非常诧异。

司机解释道："我早就为自己设定好了一个工作目标，每天只要赚够六百块钱，我就收工。而你用一千二百块钱包车一整天，这可是我两天的工作量，我会因此而失去自己的时间。"

"那你可以明天再休息呀！"年轻人觉得这才是最完美的解决方法，于是建议道。

但司机摇摇头说："这可不行，如果做满一整天然后再休息的话，慢慢就会衍变成做一周，然后是做一个月再休息，到了最后可能就会变成做一整年才休息，最终可能就会导致终生不得休息了。"

年轻人听后若有所思地继续问道："那闲暇的时候你都做什么呢？那么多空闲的时间，难道不会感到无聊吗？"

司机哈哈大笑，回答道："怎么会呢？这里好玩的事情可多了，我一点儿都不会感到无聊。巴厘岛家家都有斗鸡的习惯。收工后，我就玩玩斗鸡，有时候陪孩子们一起去广场上放放风筝，或者到海边去打打排球、游游泳，这些都会使我的生活变得更加快乐、惬意！"

年轻人听后恍然大悟，不禁回顾起自己原来的生活。自己没日没夜地拼命工作挣钱，却很少按自己真正的意愿好好享受悠闲的生活。自己天天想着赚够钱日后享受，可事实上却是"明日复明日"。

人生就像是一张有期限的支票，如果不在规定的期限内用尽，你就再也没有机会使用它。生命只在一瞬间，花开堪折直须折。美丽的东西只有在使用的时候，才能更显其光华。

有一次，意大利记者吉阿提尼访问俄罗斯著名钢琴家安东·鲁宾斯坦。告别时，鲁宾斯坦热情地送给吉阿提尼一盒他最喜欢抽的雪茄。

吉阿提尼很是激动，说："我要好好地把它们珍藏起来。"

"千万不可，"鲁宾斯坦回答，"你一定要现在把它们抽掉。这些雪茄如人生，人生是不能保存的，你一定要尽量享受它。要知道，没有爱和不能享受人生，生活就没有了任何乐趣。"

享受人生，正如法国作家蒙田所言，是至高神圣的美德。人生苦短，不要想得太多，想做就做、想吃就吃、想爱就爱，学会慷慨地及时行乐，及时采撷生命的花朵，及时享受身边的美好事物。这样，我们就会感受到生活的美好，生命的可留恋。在有生之年，我们可以很满足地对所有人说：我努力过，我也享受过，我的人生没有遗憾。

每个女人都乐意享受生活，只是人生短暂，在该享受生活的日子里，家庭和社会的责任让她们在不经意间告别了自己的青春，告别了人生最美的岁月。也或许，每个女人都有过对生活的憧憬，只是要做的事太多，在该享受生活的日子里，把所有的精力和心血都花在了他人与物质身上，总想着等到实现了某个心愿、到了怎样的年岁，再去做自己想做的事。

32岁那年，她成功地进入一家4A级广告公司，担任人事总监。她是个要强的女人，做事一丝不苟，在别人眼里，她已经算得上很出色了：知名大学MBA毕业，一年三次出国考察的机会，公司上下左右逢源，深谙外企生存之道，人际关系良好。

但是，令人艳羡的业绩，是用休息时间和睡眠换来的。忙起来的时候，一个月睡不了一个安稳觉，吃不上一顿团圆饭。两年的时间里，她没有走进过书店一次，没有跟爱人出去旅行过一回。高薪的工作，并未换来高质量的生活。每天拖着疲倦的身躯，看着大把脱落的头发，面对经常提笔忘事的尴尬、深夜无法入眠的痛苦、越来越糟的脾气，她不知道该怎么办。家人让她请假休息，可她总觉得年底公司事情多，停下来不可能。

最后，她因为劳累过度，导致先兆性流产。领导特许她休息一个月。再次回到岗位上时，她发现公司运行得很好，一切和她走时没什么两样。那一刻，她终于明白了，世界不会因为她而停止运转，再那么拼命地"折腾"，就是对自己不负责任。

人活一世不容易，需要牵挂的人太多，需要操劳的事太多。在柴米油盐的日子里，很多性情美好的女子丢掉了昔日的浪漫情怀，丢掉了对生命细腻的情思。其实，享受生活不需要专门的时间，更不能指望"来日方长"。

站在50岁的"门槛"前，白洁比多数同龄的女人更懂生活。到了这个年纪，青春已永远成为过去式，可年轻两个字却未曾从她身上离开。她的内心依旧保持着20岁时的情怀。

不管多忙，白洁每周都会抽出一个晚上去游泳。这个爱好她坚持了很多年，也给她带来了曼妙的身姿。不管多累，她每天都会做上两三道菜，一道菜迁就儿子和丈夫的口味，一道菜做给自己；不管多苦，她都不会让自己邋遢地出门，精致而优雅的气韵，是她作为女人最不愿意放弃的资本。

她爱儿子，爱丈夫，却从不会把他们当作生命的全部。他们彼此间的关系，是亲人，也是朋友。她不会为儿子没有成为第一名而沮丧，她要的是儿子拥有幸福的能力。儿子出国后，她不会隔三差五地打电话，而是悉心安排自己与丈夫的旅行。她深知，两代人该有各自的生活，孩子的路要他自己走，而自己剩余的人生更值得精心规划。空闲的时候，她会在温暖的灯光下，品一杯红酒，找回做女人的情调。她始终认为，情调不只是年轻女人的专利，每个年龄段的女人都可以拥有，只要你想。这是一种对生活的享受，更是一种对生命的体悟。

岁月经不起太长的等待，今天就是人生中最年轻的一天。该享受生活的时候，别找借口，也别再等待。要知道，世界不会因为你而停止运转，生活也不会因为你短暂的休憩而颠覆所有。

享受生活，不一定非要山珍海味、绫罗绸缎；享受生活，不一定非要远行，跋山涉水。别再说等到什么时候再去享受，如果你现在不懂得享受，那么将来亦不会懂得。要记住，你寻找的幸福不在远处，你渴望的快乐亦不奢侈昂贵，它就在每一个平淡的日子里，就在你精心装点的角落里。

淡 雅

心静如水，人淡如菊

第四章

✳

不温不火，心若静，风奈何

✳ ✳ ✳ ✳

别为一时冲动毁掉幸福

风平浪静、顺风顺水的日子，女人大都乐意保持一份从容与优雅，待人待事亦显得平和许多。可惜生活不是一幅静止的画面，不会永远波澜不惊。谁也不知道难堪的误解、不公正的待遇、言语的挑衅，会在什么时候不请自来，扰乱那颗原本平静的心。

徐薇的第一份工作，是在一家公司做行政助理。她的直属上司是行政人事经理齐敏，除了老板之外，几乎人人都知道，齐敏是个"难缠"的人。

对工作上的事，徐薇尽心尽力，那份勤恳的态度大家有目共睹。按照她的表现，她完全可以提前转正。她连夜写了一份转正申请，第二天交给了齐敏。

齐敏看了之后，脸上挂着笑意，说会帮她争取。两周之后，徐薇等来的不是转正通知，而是转职。齐敏说，公司对内部人员进行调整，门市部的人手不够，想把徐薇调去那里工作。徐薇不喜欢嘈杂的环境，就坦陈了自己的想法。齐敏却说："全国上下一盘棋，人事部的决定都是慎重的。"私底下有同事跟徐薇讲，自从齐敏进了人事部之后，总是给公司的职员乱调岗，一个在A区门市部做了几年的老员工，非要把人家调到B区，就算待遇好点，可离家很远，弄得人家也想辞职。只不过，齐敏长了一张巧嘴，老板目前也很看重她，很多事也就任她安排。

徐薇骨子里很倔强，不肯转职。为了这件事，她跟齐敏商量了好久。每次谈话最后，齐敏总是用"公司的决定是慎重的"的来压她。一气之下，徐薇竟然跟齐敏在办公室里吵了起来。她指责齐敏自私、能力不行，不考虑实际情况就乱调岗，只会巴结上司……徐薇的声音很大，一改往日的性情。可是之后她在公司里也待不下去了，就主动离职了。

走出公司那一刹那，徐薇感到了轻松，可这份轻松没持续多久，烦恼就来了。刚毕业的她，身上的积蓄不多，想找份新工作又缺乏经验。那个夏天，她一直处于失业状态。生活的不易让她冷静了许多，想起不久前的离职，她突然有点后悔，觉得自己太冲动了。

她扪心自问："当初真的是不愿意去门市部，还是对齐敏有偏见，不满她的行事作风？如果单纯是工作上的事，难道就没有其他办法解决了吗？冲着齐敏发脾气，让她在办公室里丢了脸，可自己不也丢了工作吗？倘若自己心平气和地接受了安排，难道就没有'翻盘'的机会吗？也许，齐敏的初衷就是为了激怒自己，让自己主动离职……"

每个女人在成长、成熟的过程中，都会遭遇磕磕绊绊，无论是生活还是工作。那一次的经历，让徐薇变得理智了。此后在工作上，面对别人的"刁难"，不管是有意还是无意，她都会提醒自己保持冷静，不急躁、不冲动，更不会因为一时生气而做出让自己后悔的事。

漫长的人生中，我们会遭遇很多挫折和磨难，从而情绪低落。但是，请你一定要做情绪的主人，万不可在坏情绪前迷失了自己。

她出身于书香门第，祖父母是工程师，父母是大学教授。良好的家教和生长环境使她形成了温婉大气的性格，很少与人斤斤计较。在她的潜意识里，女人要活出一份高贵来，不管家境如何，不论样貌如何，都要保持形象和尊严。这一点她始终铭记于心，只是身为独生女的她，从小到大备受呵护，没受过什么委屈，骨子里难免有一点任性和跋扈。

毕业后，她到一家公司做设计师。一次，公司开会讨论设计方案，她自信满满地向领导展示了自己的设计方案，领导却皱了皱眉头，说："这个方案不错，只是跟薛佳之前的设计很像，她的方案已经通过了。所以，只能麻烦你再修改一下，不要让客户觉得，我们公司设计的产品风格太雷同。"

她听完之后，脑子瞬间空白，片刻才恢复理智："怎么可能呢？这个设计方案，我从半个月前就开始准备了，难道是……"她突然想起，自己曾无意间给薛佳看过初稿。尽管当时是未成形的东西，可是框架和思路很清晰。

她明白了，是薛佳窃取了她的创意。一想到平日里自己待薛佳不薄，还托朋友替她妹妹找过工作，薛佳怎么可以这样！怒气和失望混合在一起，搅得她心烦意乱。

午饭时，办公室里的同事陆陆续续都出去了，只剩下她和薛佳。情绪失控的她，一改往日的温和，用冷嘲热讽的语气说起话来："难怪别人都说，有人的地方就有江湖，职场里没有真朋友。我欣赏那些直截了当的人，最看不起背地里放冷箭的阴险小人。我要是男人，也得离这样的女人远点，不知道哪天她就把枕边人算计了。"她知道薛佳刚刚离婚，说这番话最刺痛薛佳的心。果然，免不了一场唇枪舌剑。

她气得没吃午饭，以身体不适请了半天假。这股愤怒直到傍晚才渐渐消退。她坐在房间里，回想今天发生的事，突然有点后悔羞辱薛佳，而且还在薛佳的伤口上撒盐。越回想自己在办公室里尖酸刻薄的样子，她的脸越是发烫。闹得如此尴尬，她们今后如何在公司里相处？

第二天早上，薛佳没有来公司。她在微信上给薛佳留言："对不起，薛佳，我为自己昨天无礼的言行向你道歉。关于设计方案的事，可能是我弄错了，创意这东西有时的确会出现雷同，我不该那么鲁莽地指责你。请原谅。"

临近下班时，她收到了薛佳的回复："我想，该说对不起的人是我。那份设计，的确是我抄袭你的。前一段时间，因为私人问题，我真的没心思工作，脑子里乱七八糟的，所以才会做出有悖职业道德的事。请你原谅。我昨天已经跟头儿说明了情况，也交了辞呈。不过说真的，昨天是第一次看见你生气，还真的有点吓人呢，我还是喜欢那个微笑的你。"

对于薛佳的离开，她觉得很遗憾。如果昨天能平心静气地跟薛佳谈谈，也许就不会弄成现在这个样子。她过去总以为自己够有修养、够有内涵，可现在看来，还差得很远。通过这件事，她明白了一点：生活中，再生气也要保持微笑，再急也不要乱发脾气。

无论是谁，都会遇到令人愤怒的事。优雅的女人，不是不生气，而是懂得控制情绪，不会丧失理智。若是歇斯底里、口无遮拦，除了让火气越烧越旺，加深双方的怨恨外，还会让旁观者看笑话，丢了自己的形象和尊严。

有句话说得好："逆境顺境看襟度，临喜临怒看涵养。"一个女人有没有足够的修养，不在于平日里活得多么精致，而在于遭遇尴尬、怒火焚心的时候，是否还能露出一副嘴角上扬、不温不火的姿态。真正的修养，是优雅的装扮和谈吐，也是经得起一切外界干扰而不为所动的淡定，更是心不随境转的从容。

任尔冷嘲热讽，我皆淡定从容

生活是个大舞台。人无论身处台上还是台下，都要承受身边的流言蜚语和冷嘲热讽。好与坏，与他人无关。生命的意义，就是学会承受，承受美好，也承受伤害。那些没有经历过在嘲讽中昂首阔步的女人，永远无法为自己的心点一盏长明的灯。

著名的女打击乐独奏家伊芙琳·格兰妮之所以能成功，是因为她从来不被闲言碎语所左右。

　　伊芙琳·格兰妮从小就喜欢音乐，她坚信自己会成为音乐家。可是在12岁的时候她失聪了。谁都知道，对于一个音乐家而言，失去听力是件多么可怕的事。可她不服输，没有被吓倒，她一心坚持要做自己喜欢的事。

　　身边的老师、朋友甚至她的母亲都在劝她，别把时间浪费在音乐上。因为丧失听力的音乐家是很难成功的。但伊芙琳·格兰妮没有停止对音乐的追求，她学会了用其他感官感受音乐，并向伦敦著名的皇家音乐学校提出了入学申请。所有人都觉得不可思议。人们议论纷纷，都认为她是痴心妄想。

　　最终，伊芙琳·格兰妮凭借自己的毅力，颠覆了所有人的看法。她真的成了一名打击乐独奏家，她用自己的音乐和不屈服的精神，感动了无数音乐爱好者。

　　女人一定不要被闲言碎语左右，要听从自己内心的声音，这样才能到达成功的尽头、幸福的彼岸。正如伊芙琳·格兰妮所说："最初我就已经决定了，一定要实现自己的梦想，不被任何人的意见左右。"

　　"一花一世界，一叶一菩提。"每个女人的内心都有自己憧憬的生活，都有对人生的不同感悟。最终能够如愿以偿成为理想中的自己、过上理想生活的女人，多数都是听从自己内心的声音、跟随来自灵魂深处的呼唤的人。她们总是能够坚守"阵地"，无论别人用多么世俗的眼光来看待自己，无论是否有人欣赏，她们总能自信满满、精神饱满，用事实征服别人，用幸福关爱自己。

美国黑人女性的杰出代表、好莱坞当时最红的女明星之一哈莉·贝瑞集美丽、智慧和坚韧于一身。从17岁开始，她就接连不断地荣获得令人羡慕的殊荣与奖励。

2001年3月的一天，第74届奥斯卡金像奖颁奖典礼在洛杉矶的"柯达剧院"隆重举行。此刻，奥斯卡颁奖的历史翻开了崭新的一页，奥斯卡终于被黑人演员的成就所征服。一扇向黑人女演员关闭了74年之久的大门终于敞开了。哈莉·贝瑞凭借在电影《怪物午宴》中的精彩表演，获得了奥斯卡"最佳女主角"奖，成为奥斯卡历史上的第一个黑人影后。她手捧奥斯卡小金人，兴奋地把它高高举起。

但是，即使是命运的宠儿，也不可能永远一帆风顺。2005年2月的一天，命运同哈莉·贝瑞开了一个天大的玩笑，将她从人生的巅峰抛进了人生的谷底。在第25届"最差"奖颁奖仪式上，她主演的《猫女》被评为"最差影片"，她也被评为"最差女主角"。她走上领奖台，用曾经接受过奥斯卡最佳女主角奖杯的那双手，接过了金酸莓"最差女主角"的奖杯，成为第一位亲手接过此奖杯的好莱坞女影星。

金酸莓电影奖设立于1981年，跟奥斯卡奖评选"最佳"相反，该奖专门评选"最差"影片、"最差"导演和"最差"演员等奖项，并且举行颁奖仪式，颁发奖杯。对于这个带有恶作剧意味的颁奖，好莱坞的明星"大腕"们从不正眼相看，也从来没有一个当红的女明星参加过这个颁奖仪式，更没有一个当红的女明星有勇气亲手接过授予自己的"最差女主角"奖杯。

哈莉·贝瑞在人生的巅峰时，没有认为自己是绝对的成功；在人生的谷底时，她也没有一蹶不振，认为自己是绝对的失败。她难能可贵地认为，在人生旅途的地平线上，成功与失败同样是崭新的开始。

哈莉·贝瑞在发表获奖感言时说："我的上帝！我这辈子从来没有想过我会来到这里，赢得'最差'奖，这不是我曾经立志要实现的理想。但我仍然要感谢你们，我会将你们给我的批评当作一笔最珍贵的财富。"她最后对大家说："请相信，我不会停下来，我今后会带给大家更精彩的表演。"

听到这些话，人们给了她一阵又一阵热烈的掌声。

颁奖过后，记者围住了哈莉·贝瑞。有人问："您为什么不怕丢丑前来领奖？"

她说："我认为，作为一个演员，不能只听他人的溢美之词，而拒绝接受别人对自己的批评和指责。既然我能参加奥斯卡颁奖典礼并接过小金人，那么我也应该有勇气去拿金酸莓的奖杯。"

有人问："您将如何保存这个奖杯？"

她举起手中的"最差女主角"奖杯说："我要将它放在我的厨房里，我每天都会面对它。它很有分量，就算全世界的赞扬和恭维像飓风一样袭来，只要看它一眼，我就不会被吹到云彩上面去。在许多人都赞扬和恭维的时候，批评和指责的声音是最珍贵的，因为它使人清醒，让人不会头脑发热到找不到自己，所以我一直将批评和指责当作最珍贵的财富。"

当有人请她留言签名的时候，她写下了小时候妈妈千叮咛万嘱咐的一句话："如果不能做一个好的失败者，也就不能做一个好的成功者。"

当别人忽略或是冷落你，不要回避，也不要退缩，而应在平和的心境中让愤怒的情绪得到缓冲。也许，这样做的时候会觉得有些委屈，可一旦你用愤怒去回应，那么只会让嘲笑变本加厉。

每个迎着太阳行走的人，身后总会有阴影。让那些看不起自己的人去嘲讽吧，你只管昂首阔步，用不着回头。如果有一天，当你的美好被人发现，所有美妙的事物都开始围绕着你转动，记得要依然努力绽放，活得更加美好。

世上真正令人痛苦的不是那些冷嘲热讽，而是不断地将那些冷嘲热讽的负面效应强化，让自己的伤口越来越深。人若能从容地面对生活，在流言蜚语面前一笑而过，不给自己施加任何精神负担，不为羞辱嘲笑而动怒，不迷失心中的方向，那么所有的嘲笑都会变得苍白无力。

有人曾经说过："记住别人的嘲笑，不是去报复。其实，每一个嘲笑都是你需要努力改进的地方，每一个嘲笑都是你成功的动力。不要憎恨嘲笑，因为成功是踩着嘲笑而登顶的。"但愿每个女人都能把这番话铭记于心，与其生气不如争气，努力地活出优雅、活出精彩。

明天还没来临，你究竟在烦恼什么

人的一生难免遇到各种烦心的事，然而，不同的人在遇到相同的问题时，有着不同的态度和解决办法。面对困难，乐观的人往往一笑置之，并迅速去寻找解决的办法；悲观的人，只会像热锅上的蚂蚁一样慌乱，不去找方法解决。

聪明的人都知道，遇事沉着冷静更容易迅速解决问题。假如我们能给生活中的各种忧虑画一个"到此为止"的线，我们会发现成功原来如此简单，生活原来如此快乐！

研究表明，忧虑最大的坏处就是摧毁人集中精神的能力。一旦产生忧虑，人的思绪就会到处"乱转"，从而丧失做出决定的能力。

事实上，要想克服一些琐事引起的烦恼，只要把看法和重心转移一下就可以了。在生活中，要学会对自己说："这件事情只值得我担一点点的心，没有必要去操更多的心。"

小镇上一家酒吧里，灯火通明，喧声四起。一群衣着光鲜的绅士正围坐在吧台边上，一边喝威士忌，一边谈论生意上的事情。

"够了，够了，这样的日子简直像受刑，我受够了！"一个制作衣服的商人抱怨道。不景气的经济、日渐惨淡的生意，令他终日愁眉不展、郁郁寡欢，他的双眼布满血丝，他还经常失眠。

"怎么了？"朋友问。

"真叫人痛苦不堪……"衣商说道。

一位朋友看在眼里，不忍他这样被烦恼折磨，安慰他："别急，你的问题没有什么大不了的。我给你一个好办法，如果以后你还睡不着，不如静下心来，数一数绵羊，这样等你数累了，自然就可以休息了。"

"嗯，是个不错的办法，朋友，亏你想得出来，我回去就试一试。"衣商道谢而去。

"老兄，你的办法一点也不灵验啊，你看看我现在，精神更不好了，病情也似乎更严重了！"三天后，衣商再次在酒吧里遇到给自己提出建议的朋友。

"不会吧！"朋友看着他更加红肿的双眼，疑惑地问道："你是按照我的话去做的吗?"

"那还用问吗? 老兄,我肯定是按照你说的话去做的呀! 不仅如此,我还数到一万多头呢!"

"老兄,你没跟我开玩笑吧,居然数了那么多! 你不可能,也不应该一点睡意都没有啊!"朋友吃惊地问。

"是的,刚开始的时候,我是有些困意了,可是我一想到一万多头绵羊就会想到将会有多少羊毛啊,如果不剪,岂不可惜了?"

"那剪完不就可以睡了?"

"你哪里知道,这一万头羊的羊毛所制成的毛衣,要去哪儿找买主啊,一想到销路,我就更睡不着了。"

世界上很多事情都是无解的。不能把自己的思维逼进一个"死角",如果明知道是个"死角",可还是不管不顾地要往里面撞,就像飞蛾扑火,无异于是自取灭亡。

倘若你不懂得用好心情来平衡坏情绪,用新快乐来抚平旧伤痛,那么,你就大大辜负了人类左右情绪的天赋。

在美国有一位老妇人,丈夫在她60岁的时候突然去世了。当她正沉浸在丧夫之痛时,接下来接二连三的打击更是让她崩溃:首先是她的几个子女为遗产继承问题闹得不可开交,相互之间还大打出手。接着是丈夫生前倾尽全力经营的公司宣布破产。为了还债,她不得不卖掉房子以及家中所有值钱的东西。这一系列的不幸,使她无法承受,她不知道今后的路自己能否坚持走下去。

她整天郁郁寡欢,不停地在心中念叨着:我已经60岁了,我已经60岁了!

她想重新到外面找一份工作,但是当这个念头冒出来的时候，她自己都震惊了，谁会雇用一个老妇人呢？即便有人愿意，一个60岁的老妇人能干些什么呢？即便是能做些简单的活，但是谁又能相信她，给她提供工作的机会呢？

她担心别人嫌她老、动作迟缓，担心自己无法承受别人要求的工作强度……这一系列的担心更让她怀念过去、怀念丈夫在世的岁月。由怀念而生悲痛，她又重新陷入丧夫的阴影中不能自拔。久而久之，贫穷、寂寞、疾病等全部被她"请"进了门。

她不得不选择住院，医生了解到她的情况后对她说："你的病情太严重了，需要长期住院治疗，但是你又没钱……我看这样吧，从现在开始，你可以在本院做零工，以赚取你的医疗费用。"

她问道："我能够做什么呢？"医生说："你就每天打扫病人的房间吧！"

于是，她开始手握扫帚，每天不停地忙碌着。慢慢地，她的内心恢复了平静，反正没有比这更好的活法了，而且就目前的情况来说，自己似乎根本别无选择。她开始忙碌起来。每踏进一间病房，她就目睹一次他人的病痛与苦难，她的心就豁亮一次，因为她觉得自己是所有病人当中情况最好的。渐渐地，她也不再担心什么，因为实在太忙碌了。对她来说，担心反倒成了一种奢侈的情绪。

疾病和寂寞被驱除，剩下的就是要花力气解决贫穷问题了。为此，当医院让她"出院"时，她恳切地说服院方让她留下来。她继续在保洁员的岗位上又做了3年。由于经常接触病人，她对病人的心理也了如指掌。3年后，她被院方聘为心理咨询师。疾病、寂寞早已离她而去，贫穷也开始向她挥手告别，她觉得自己新的人生开始了。

在她72岁那年，她已经掌握了这家医院51%的股份。她的办公室的墙上有这么一句话："昨天的痛，已经承受过了，有必要反复去兑现吗？明天的痛，尚未到来，有必要提前结算吗？只要肯用行动充实生命中的每一个'今天'，勇敢向前，机会就在柳暗花明间。"

很多女人常常因日常琐事使自己烦恼。其实，很多时候，你想的或感觉的未必就是正确的事实。不管你是哪个年龄段的人，都应该时刻用行动去解除内心的种种忧虑，过好眼前的每一个"今天"。

请记住一句话：烦恼就像天空上的一片乌云，如果你的心中是一片晴空，那么烦恼不会对你有丝毫影响。

既然是别人的错，那就别折磨自己了

人生由不得自己操控，总有一些"意外"，有时并非我们自己的问题，但有的人却难以抑制自己的愤怒。既然事情已经发生了，愤怒也好，伤心也罢，都不能改变事实，反而会让自己失去理智，还会伤及自己的内心。所以，我们不应该用别人的错误来惩罚自己。

面对他人的错误，我们不如弱化它所带来的不良影响，致力于解决眼前的问题，这样才能让事情回归正轨。

有一次，拿破仑得到外交大臣塔里兰勾结外敌密谋造反的消息。于是他匆忙地从西班牙赶回来，然后立即召集所有大臣，心想："我一定要揭穿塔里兰这个家伙，要狠狠地数落数落他，让他回心转意。"

在会上，拿破仑一看到塔里兰就压抑不住心中的怒火，他不管其他的大臣们，只是愤怒地看着塔里兰，可是塔里兰没有任何反应。拿破仑再也控制不住自己的情绪，走近塔里兰说："有些人希望我马上死掉！"塔里兰的确在密谋造反，但他深知拿破仑的性格，他想故意激起拿破仑的怒气，让他发火，从而让他失去领导者的权威。所以面对拿破仑的愤怒，塔里兰依然没有任何异常的举动，只是用疑惑的眼神看着拿破仑。

终于，拿破仑的怒火像火山一样喷发了。他冲着塔里兰大喊："你的权力是我给的，你的财富也是我给的，你竟敢背叛我，你这个忘恩负义的家伙。没有我你什么都不是，我再也不想见到你！"说完他甩袖而去。

塔里兰依旧镇定自若。等拿破仑走后，他才站了起来，一脸平静地对大臣们说："我们伟大的皇帝今天是怎么了？他为什么对我如此暴躁？我可没有做什么对不起他的事情。或许，是他心情不好才会这么没有礼貌。"

看到这样的场景，大臣们开始觉得拿破仑走"下坡路"了。拿破仑的怒气，让他失去了一个领导者应该有的权威和度量，影响了大臣们对他的支持。最后他丧失了主宰大局的权力，从而让塔里兰的阴谋得逞。

当别人犯错误时，与其拿对方的错误来惩罚自己，不如先完善自身，让自己的内心安定下来，这样，我们的视野才会变得更开阔，我们的内心也会因此变得更强大。知错能改，善莫大焉。

犯了错误，只要对方愿意改正，我们就不必耿耿于怀。

那年，她正读高三。因为学校离家很远，回去一次要花不少时间，还得花几十块钱的路费。当时，家里的条件不是很好，所以她总是一个月才回去一次。就算是清明节这样的小长假，只要没到"探家周"，她都会待在学校。

某个周末，班里的同学都回家了。吃了午饭后，她买了一袋瓜子，带着一本厚厚的英语书，走进了空无一人的教室。到了晚上，她把地上的瓜子皮打扫干净，就直接回了宿舍。

周日下午，学校要求高三学生上自习。所有人都来了，大家安静地上自习。班主任在门口站了一会儿，就让大家停下来，问："谁在扫完地之后，在教室里吃瓜子了？"没有人回答。见此情景，班主任发火了，问："还没有人承认吗？"

她看到了那堆瓜子皮，知道那与自己无关。可她心里还是害怕，一直在犹豫，要不要告诉班主任，自己周六下午吃了，但已经打扫干净了？最后，她去找了班主任，跟她讲明了自己的来意，并坦白告诉她，周六那天自己吃过，但已经打扫干净了，今天的事与她无关。

然而，班主任根本没有听她把话说完。当天，班主任在教室里当着所有同学的面说："我就知道，有些学生不自觉。做了就做了，坦白承认也行，还非要找借口。我早就知道是谁，不要以为我看不出来。像这样的人，以后不可能有什么大出息。"

她心里很难过、很委屈，当场就止不住流泪了。那天晚上，她胡思乱想了很多。此后，她对班主任心存芥蒂，不再听她的课，班主任在台上讲，她就在台下做自己的事。到了模拟考试的时候，她的成绩退步了很多。

回家时，母亲见她情绪不高，没有多问。在宁静而安全的氛围里，她抑制不住内心的委屈，把事情的原委告诉了母亲。母亲温和地说："这不是你的错，你也不需要用别人的错误来惩罚自己。你用这样的方式对抗，就是在跟自己过不去，就是在赌自己的未来，不值得。这世界上的人有很多种，不管遇到哪一种，你都要用平和的心去对待。要记住，你永远不能改变别人，只能改变自己，让自己不生气。"

母亲的这番话，给她人生中上了重要的一课。她对自己的行为感到很后悔，她觉得没有必要把宝贵的时间和美好的未来浪费在对别人的埋怨和痛恨中。这样的思维方式，后来一直伴随着她，彻底改变了她为人处世的态度。无论对生活还是对工作，她都不再轻易发怒，不会让别人的错误影响自己的进步，也不会让别人的错误成为自己的"包袱"。

德国哲学家康德说："生气，是用别人的错误来惩罚自己。"面对他人的过错，能够做到心平气和、泰然处之的女人，是生活中的智者。你再怎么生气、难过，对方也不一定会因为你的愤怒而清醒地认识到自己的错，即便认识到了，也不一定会立即改正。与其这样折磨自己，不如放宽心，忽略那些扰乱心灵的"浮尘"。错不在你，你又何苦为难自己？每次发脾气之前，先冷静地问问自己："我的生气能改变什么？别人会不会为我的坏脾气埋单？"

原谅自己，是善待自己的"良方"

热带海洋里生活着一种名为紫斑鱼的生物，它浑身长满了针尖似的毒刺。紫斑鱼的奇异之处，恰恰在这些毒刺上：当它攻击其他鱼类的时候，就像是带着仇恨一般，异常愤怒。这时，它的刺会变得很坚硬，且毒性大增，对受攻击的鱼类造成的伤害也就更深。

从紫斑鱼的生理功能上看，它的寿命应该在七岁或八岁。然而，现实中的紫斑鱼，往往都活不过两岁。短寿的"罪魁祸首"，依然出在它的毒刺上。它越是愤怒，越是满怀仇恨，毒刺攻击得越狠，对其他鱼类和自己的伤害就越大。这种愤恨的怒火，让它的五脏六腑跟着一起灼烧，在烧毁别人的同时，也毁灭了自己。

世间万物，被自己所伤、被自己所困、被自己所毁的，又岂止是紫斑鱼呢？

女人这辈子，总会遇到一些给自己带来刻骨伤痛的人，或许是昔日的恋人，或许是曾经的挚友，抑或是只有一面之缘的陌生人。但无论对方是无心伤害，还是有意为之，都不要背负着仇恨生活。在仇恨的岁月里，受到最深伤害的其实是自己的心。

一位患有癫痫病的母亲，要照顾身患重病不能自理的老伴，还要供养读大学的儿子。全家的开销，就指望她给人洗衣服的那些钱。生活很艰辛，可她很欣慰，因为儿子即将大学毕业。一向优秀的儿子，已经跟一家不错的单位签了合同，很快就能工作了。

可天有不测风云。儿子在参加一场篝火晚会时，不幸被一位喝醉酒的少年用酒瓶给杀死了。这位可怜的母亲，连儿子的最后一面都没见到。她万般悲痛，希望时间的流逝能让自己淡忘所有的痛苦，但她做不到，特别是对那个杀害自己儿子的人，她的心中充满了怨恨。三年过去了，她的痛苦一点都没有减少。仇恨每天如影随形，让她痛不欲生。

终于有一天，她想起那个杀害自己儿子的少年今年也已经成年了。若不是犯了那样的错，他现在应该也在大学的校园里，可如今的他却被关在了灰色的高墙内，他的母亲一定也很痛心。她决定去看看这位"仇人"。

在朋友的安排下，她与"仇人"相见了。当他们面对面而坐的时候，"仇人"突然抱着她痛哭起来，不停地说"对不起"。那种感觉对她而言，似曾相识，就像是抱着自己的孩子一样。就在那一刻，她心中的仇恨彻底放下了。

此后，她依然靠给人洗衣服维持生活，可她的心里平静了许多，也释然了许多。她明白了，在岁月不够安好时，人心依然向善，尤为重要；在那些无常和无奈的缝隙中，人应该放下悲痛和怨恨，努力找到希望的光，并用那一点点微弱的光，照亮自己今后的日子。

女作家张小娴说："被恨的人，是没有痛苦的。去恨的人，却是伤痕累累。"人不肯放下心中的仇恨，是对自己的不负责任，这份恨意会让生活陷入黑暗，会让心灵陷入迷途。女人这一生要经历很多事，要牵挂很多人，要扮演多种角色，太不容易。生活本已够累，若在精神上还不懂得善待自己，舒缓心灵，只能是苦了自己。

一对看起来宛如姐妹的母女，在餐馆里点了一份特色蒸鱼，好不容易等来了这道菜，可还没等菜放到桌上，一场小小的意外就发生了。

　　上菜的女服务员长得小巧玲珑，看样子年纪不大，做事也不熟练。她捧上蒸鱼时，盘子倾斜了，腥膻的鱼汁直淋而下，泼洒在那位母亲的名牌皮包上。那位母亲本能地跳了起来，刚刚还跟女儿有说有笑，一下变得满面阴霾。眼看着，一场"暴风雨"就要来了。

　　那位母亲还没有开口，旁边的女儿便站了起来，对着女服务员露出一抹温柔的微笑，说道："没事，没事，擦一擦就好了。"女服务员吓坏了，手足无措地盯着那位女士的皮包，嘴里不停地说："对不起，对不起，我不是故意的，我去拿一条干净的毛巾……"女儿却说："没事，你去做事吧。真的没关系。"她的口气温婉柔和，倒像是她给别人惹了麻烦一样。

　　母亲瞪着女儿，觉得自己就像是一只快要爆炸的气球。她实在不明白，女儿怎么会这么大方。女儿平静地看着母亲，什么都没说。餐馆的灯光很是明亮，母亲突然发现，女儿黑亮的眼眸里，竟然镀着一层薄薄的泪光。这餐晚饭，两个人吃得很沉闷。

　　回到家后，母女两人坐在沙发上。这时，女儿突然跟母亲讲起了她在英国留学时的事。大学毕业后，她顺利考入英国一所大学读研究生。为了锻炼她的独立性，母亲在假期里没让她回国，而是让她自己策划背包旅行，或者尝试一下兼职打工的滋味。在家的时候，她十指不沾阳春水，什么粗工细活都没做过，可到了陌生的国度，她却选择做服务员来体验生活，谁知第一天上班就闯了祸。

她被分配到厨房清洗酒杯。那些漂亮精致的高脚玻璃杯，一只只薄如蝉翼，只要稍稍用点力，就可能崩裂，变成晶亮的碎片。她战战兢兢、小心谨慎地把一大堆酒杯都洗干净了，正要松口气的时候，不料身子一歪，一个趔趄摔倒在地。更倒霉的是，那些酒杯也被撞倒了，满地全是晶晶亮的碎片。

　　当时，她有一种堕入"地狱"的感觉。她以为，领班会冲着她吼叫，甚至辞退她。可没想到，领班却不慌不忙地走过来，搂住了她，问："你没事吧？亲爱的。"接着，便吩咐其他员工把地上的碎片打扫干净。领班连一句责备的话都没有说，这让她的内心充满了感激。

　　还有一次，她在给顾客倒酒的时候，不小心把鲜红的葡萄酒倒在了顾客白色的裙子上。她以为顾客会大发雷霆，却没想到对方反过来安慰她："没事，酒渍而已，不难洗的。"说完，顾客拍了拍她的肩膀，然后静静地走进了洗手间，没有生气，也没有张扬。

　　她对母亲说："妈妈，既然别人都能原谅我的过失，我们为什么不能原谅别人呢？那个小姑娘，恐怕年纪还不如我当年大。"

　　母亲不由得羞愧起来，自己活了五十余载，胸怀竟还不如一个二十岁的女孩开阔。过去，但凡有人弄脏了她的皮鞋或衣服，她总是喋喋不休、不依不饶。可是今天，优雅宽容的女儿教会了她重要的一课："微笑着原谅，才是真正的高贵。"自那之后，她的性情也变了许多。

　　一次输液时，实习护士忘了给她做皮试就扎吊瓶，以至于她因疼痛而脸色苍白、浑身抽搐。见此情景，年轻的护士一下慌了神，这让她想起了自己的女儿。她忍着难受，一字一顿地安慰护士："姑娘，别慌，先把针头拔掉。"护士这才回过神，迅速拔掉了针头。

不管怎么说，这都算得上是一起医疗纠纷，责任很明显。院方的态度很明确，免去一切费用。可她却摆摆手，说："不用了，谁没有过失的时候。"说这番话的时候，她一脸的宽容。旁边的病友问她："你怎么不生气呢？"她说："小护士也不容易，刚走上社会，若是咱们的女儿，咱们也不忍心她被人责难，不是吗？"

不管他人给你带来的伤害是无心之过，还是有意为之，都不要太放在心上。请记住：这个世界上，还有人比你更不幸，经历着更多、更大的痛苦，他们却可以一笑泯恩仇。

不懂宽恕的女人，永远都在"画地为牢"。要排除怨恨的情绪，就得学会慢慢地接受现实，从心底理解和原谅他人。如此，怨恨才会随着时间的推移逐渐淡去。当女人放下了怨恨，就不会再受负面情绪的困扰；放下了仇恨，就会变得平和、安详；放下了仇恨，就会积极向上、充满阳光地对待生活；放下了仇恨，就会从内心深处散发出一种恬淡和优雅。

没有不快乐的生活，只有不快乐的心

生活原本平淡如水，偶尔会荡起涟漪。快乐的女人，会在如水的时光里加一点糖，在荡起涟漪时平复自己的心。想要把生活调制成什么味道，全在于自己。

身患尿毒症的她，上个月与丈夫离婚了，她的心像刀绞一样疼，可她实在不想让丈夫为她受累一辈子。从患病到现在，她再没有笑过，心里无数次地问上天："我只有29岁，我还这么年轻，我本来有美好的生活，为什么要让我得这样的病？"

一天，她像往常一样躺在床上做透析。身边的一位阿姨也患了同样的病，在女儿的陪同下做着透析。那位阿姨始终笑着，脸上看不出任何难过，她的女儿更是一副欢快的样子，眉飞色舞地跟她说着自己的工作、今天遇到了什么人、发生了什么事，欢声笑语让整个病房多了一丝轻松。

她很羡慕那位阿姨的女儿，年纪与她相仿，却享受着生活。她越是这样想，内心对命运的怨恨与不满就越多。"如果不是得了这个病，现在的我，应该和她一样，每天和爱人、孩子在一起，照顾父母，过着充满希望的日子。现在，疾病抽干了所有的快乐，一颗年轻的心变得老态龙钟，再也感受不到幸福。"她扭过头，流下了几滴泪。

临近晚饭时间，阿姨的女儿要回家给丈夫、孩子做饭，晚点再来接阿姨回家。病房里的其他病人都做完透析陆续离开，只剩下她和阿姨。

她轻轻地说了一句："阿姨，有这样一个女儿您真幸福。"

阿姨笑着说："是啊，我就这么一个女儿，从小就懂事。"

"我真羡慕她，能照顾爱人和孩子，还能多陪陪母亲。因为这病，我自己的家散了，还让父母跟着操心。有时候，我真的不想治了。"她说出了憋闷已久却无处倾诉的心声。

"姑娘，别这么想。人活一辈子，谁没个病和灾的。得这个病是不幸，可世间不幸的人太多了。现在的医疗水平不错，还可以做透析维系生命，和以前的人相比，这也是幸运了，你说是不是?"阿姨面向着她，说了一番宽心的话。

"唉，我还是羡慕那些健康的人，我若像您的女儿那样，我父母也就不至于像现在这样了。我感觉，他们这段日子老了很多。"她的声音哽咽了。

"命运对谁都差不多。就拿我女儿来说，你看她笑语欢颜的，可她是一个有缺陷的孩子，只是这件事，我们从来不提。她的左眼几乎没什么视力，从小就这样，生活、工作全靠一只右眼。她小时候就知道自己跟别人不一样，但我告诉她要快乐地生活，还让她去学了大提琴。她说，如果有一天，她什么都看不见了，她就拉琴。每天听到自己拉出的美妙音乐，也是一件幸福的事。"说起女儿的不幸时，阿姨显得很平静。

她的心骤然抖了一下，先是意外，后是震惊，再后来，渐渐平息了。原来，每个人的快乐与痛苦都差不多，只是有人愿意捧着快乐，有人愿意紧抓着痛苦。既然苦与乐并存，那么何不让心灵快乐一点呢？也许，这才是对自己最好的善待。

世上没有不快乐的生活，只有不肯快乐的心。少一点悲观和绝望，遇到变故的时候，化悲痛为力量，感受"自然规律不可违，顺其自然则是福"的真谛；失去某样东西的时候，坦然地接受，珍惜手里还拥有的；努力追求而又得不到的时候，减少一点内心的欲望。当一个女人能够很自然地把这一切当作习惯的时候，就会发现，生活其实已经赋予了自己太多的东西。

包希尔·戴尔是一位眼睛接近失明的不幸女人，但是她的生活却不是像我们想象的那样糟糕。因为她始终坚信，不论是谁，只要来到了这个世界上，就是合理的。用她的话说，她相信有所谓的"命运"，但是她更相信快乐。她自己就是一个即使在厨房的洗碗槽里也能寻找到快乐的人。

她在自己所写的名为《我要看》一书中这样写道："我只有一只眼睛，而且还被严重的外伤给遮住，仅仅在眼睛的左方留有一个小孔，所以每当我要看书的时候，我必须把书拿起来靠在脸上，并且用力扭转我的眼珠从左方的洞孔向外看。"

她拒绝别人的同情，也不希望别人认为她与一般人有什么不同。

当她还是一个小孩子的时候，她想要和其他的小孩子一起玩踢石子的游戏，但是她的眼睛看不到地上所画的标记，因此无法加入他们。于是，她就等到其他的小孩子都回家去了之后，她就趴在他们玩耍的场地上，沿着地上所画的标记，用眼睛贴近它们看，并且，把场地上所有相关的事物都记在心里。不久之后，她就变成踢石子游戏的高手了。

她一般都是在家里读书学习。首先，她先将书本拿去放大影印之后，再用手将它们拿到眼睛前面，并且几乎是贴到她的眼睛的距离，以致她的睫毛都碰到了书本。就是在这种情况下，她获得了明尼苏达大学的美术学士学位和哥伦比亚大学的美术硕士学位。

到了1943年，那时她已52岁了，也就在那个时候发生了奇迹。她在一家诊所动了一次眼部手术，没想到却使她的眼睛能够看到比原先所能看到远40倍的距离。尤其是当她在厨房做事的时候，她发现到即使在洗碗槽内清洗碗碟，也会有令人心情激荡的情景出现。她在书中写道："当我在洗碗的时候，我一面洗一面玩弄着白色绒毛似的肥皂水，我用手在里面搅动，然后用手捧起一堆细小的肥皂泡，把它们拿得高高地对着光看，在那些小小的泡泡里面，我看到了鲜艳夺目好似彩虹般的光彩。"

从洗碗槽上方的窗户向外看的时候，她还看到了一群灰黑色的麻雀，正在下着大雪的空中飞翔。她发现自己在观赏肥皂泡与麻雀时的心情，是那么的愉快与忘我。因此，她在书中的结语中写道："我轻声地对自己说，亲爱的上帝，我们的天父，感谢你，非常非常的感谢你！"

人生中有太多不确定因素，任何人都有可能被突如其来的变化扰乱心情。与其随波逐流，不如有意识地调整自己的心情。许多时候，不是周围的事物打扰了你的快乐，而是你在纷乱的事物中，丢失了一颗快乐的心。

快乐就像是一颗种子，你允许它在心里生根发芽，它就会变成蒲公英，洒满你的整个心房；快乐像是天上的风筝，线在你手中，拉一拉它就会回来。只要学会去感受、去享受生活中每一处细微的美好，你就可以活得轻松、洒脱。

若木已成舟，不如乘风破浪去漂流

有人曾说："一直抱怨已经逝去的不幸，只会招致更多的不幸。"有生之年，每个女人都会经历不愉快的事，这是无法逃避也无法选择的。沉浸在抱怨之中，与不可改变的现实抗争，只会让自己的精神愈发接近崩溃。没有谁会有足够的精力，一面与现实抵抗，一面去开启新的生活。唯一可以做的，就是坦然地接受现实。

当沙子进入河蚌的壳内时，河蚌是很难受的，可它又无力把沙子吐出去。在那一刻，它面临着两个选择：要么抱怨日子煎熬，要么想办法与沙子"和平共处"。河蚌选择了后者，它尝试着把沙子包起来。渐渐地，当沙子裹上了河蚌的外衣时，河蚌就认为它是自己的一部分了，而非异物。沙子裹上的河蚌成分越多，河蚌越是把它视为自己，心平气和地任它存在。日积月累，曾经的痛苦，变成了难能可贵的珍珠。

尼尔布有一句非常有名的祈祷词："上帝，请赐给我们胸襟和雅量，让我们平心静气地去接受不可改变的事情；请赐给我们力量去改变可以改变的事情；请赐给我们智慧，去区分什么是可以改变的，什么是不可以改变的。"

女人要时刻保持一颗积极向上的心。如果你不能正视过去或现在发生的一切，就很难微笑着迎接未来。人生只有一张单程票，无法回头重走来时的路，这就如同一块木头，若已经把它刻成了舟，它便失去了再成为其他事物的可能性，只能驾着它乘风破浪去漂流，把仅有的可能演化成奇迹。这是潇洒的人生态度，更是理性睿智的选择。

詹姆斯经常走霉运，面对这些他却很乐观，每天过得都挺开心。当有人问他最近生活得如何时，他总会说："我快乐无比。"

有朋友问他："谁都会有悲伤的时候，也不可能总是能看到事物的正面，你是怎么做到的呢？"

詹姆斯说："每天早晨，我一睁眼就会告诉自己，快乐不快乐都是一天，我今天一定要快乐！这就好比发生不好的事情时，你可以选择做一个悲观的受伤者，也可以选择做一个从不幸中吸取教训的乐观者。人生就是选择，当你选择了以最好的方式来生活的时候，你就能生活得快乐。"

一天早上，詹姆斯看到三个持枪的强盗从邻居家慌慌张张地跑出来，强盗们也发现了他，其中一个人对詹姆斯开了一枪。经过18小时的抢救，加上亲人精心的照料，詹姆斯总算是活了下来，可是仍有小部分子弹片留在他的体内。

朋友们问他感觉怎么样，他说："我感到快乐无比。"

朋友看了看他的伤疤，问他中枪时在想什么。詹姆斯答道："当时我躺在地上，我知道自己面临着两个选择：一个是死，一个是活。我理所当然地选择了活。"

朋友继续问："你当时不害怕吗？"

"医护人员太好了，他们不断地告诉我，我会好起来的。但在他们把我推进急诊室后，我看到他们流露出了'他是个死人'的眼神。我知道，我需要采取一些行动了。"

"那你采取了什么行动呢？"

"有个美丽的女护士问我对什么东西过敏时，我马上回答说'有'。这时，所有的医生和护士都停下来，等我继续说下去。我深深地吸了一口气，然后大声对他们说：'子弹！'在医护人员的一片大笑声中，我又接着说道：'我现在还活着，不要把我当成死人来医。'"

詹姆斯就这样活了下来。当詹姆斯身负重伤时，医生们对他都没有抱生还的希望。詹姆斯最后能侥幸活下来，与其说是医生们的医术高明，还不如说是詹姆斯积极求生的态度感染了医护人员。

大多数时间里，生活都是平淡的，偶尔伴有一些不如意的小插曲。女人豁达不抱怨的心态，不是与生俱来的，也不是一蹴而就的。唯有在平淡的日子里尽力保持积极、乐观，才能在遭遇低谷的时候不失淡定。不要把那一句"接受不可改变的事实"当成空空的语录，要试着把它变成一种处事的习惯。真正的修养，都是从小事中一点一点培养出来的。

由于天气原因，机场的广播里陆续传来各个航班延时的通知，准点起飞的寥寥无几。孙莉和朋友过了安检后，在登机口坐等。她买了三本书，朋友开始打盹。

乘客们异常焦躁，都在找机场的工作人员询问。孙莉看到登机口处一个年轻的女工作人员被一群人质问："到底什么时候飞？为什么不让我们登机？凭什么要我们等？解释清楚流量控制是什么意思……"更有甚者，怒斥人家是骗子。

朋友被嘈杂的声音吵醒了，眯着眼睛说："唉，人家小姑娘说的又不算，跟人家吵什么呢？白白消耗体力。"说完，朋友继续打盹。

半小时后，机场工作人员送来了盒饭和水，一群乘客蜂拥而上。不过，这并没有让他们停止抱怨。有人一直抱怨，不是说饭送来得太晚了，就是说饭菜的品质太差了，难以下咽。朋友一边吃，一边说道："如果人家没提供饭，又怎么办？还不是得继续在这里干等着？送来了就谢谢人家，吃不下去就不吃，说这些话有什么意义呢？"

吃过饭之后，有消息传来说，飞机已经到了，只需要再做一个小时的准备工作。这下，四周的人又开始急了，说太晚下飞机没有大巴，说延误这么久要有经济赔偿，说候机大厅太冷……还有人试着要冲开登机口的门，场面一片混乱。孙莉望着眼前的景象，不知道该说些什么。朋友再度被吵醒，再度说了一句明白话："横竖都要等，闹就能起飞了吗？"

终于，在等候了近三个小时之后，人们可以登机了。人们着急地冲到登机口，挤着检票登机。朋友一边不慌不忙地收拾着东西，一边说："先上去了又怎样？座位都是死的，那么着急干吗呢？"

有人说过：人生因为遗憾而美丽。如果我们不能把不幸看作上天给我们的另一种"恩宠"，那么不妨试着让自己接受它。人生不如意十之八九，一味地抱怨生活，永远布满阴霾，学会接受，才会是一片艳阳天。

用一颗平常心，对待生活中的那些意外，不失为明智之举。努力让自己做一个不抱怨、有修养的成熟女性，这对每一个女人都非常必要。当一切已成既定的事实无法再改变时，收起抱怨和愤恨，试着转变自己的心态，去接受，去适应。在可控的范围内，接受现实，改变自己，不仅会省去苦恼，还能收获不一样的人生。

第五章

不是世事太纷扰，而是你内心不够强大

❋ ❋ ❋ ❋

笑对世事纷扰，人生不会累

生活中，我们常常会被环境所影响，会被自己的坏情绪所支配。我们觉得生活很辛苦，精神也愈发感觉空虚。因为，我们在不断追求物质利益的同时，忘记了精神上的"供给"；我们在不断追求"得"的同时，也在失去一些东西。

有的人对此百思不得其解，其实道理很简单。对一个人所做的计划和行动，最有决定权的是自己的内心，因此，一个人的内心是否强大，是其事业能否成功的关键。

山林里，住着一位隐居的老人。

有一天，大雪封山。当老人打开门后，发现了一只冻僵的兔

子，于是就把它抱回家。兔子被救后渐渐地苏醒过来，慢慢恢复了健康，从此它和老人幸福地生活在一起。它白天在外面晒晒太阳，晚上回到屋子里与老人聊聊天，生活还算愉快。

老人的家里还养着一条蛇，虽然蛇已经被老人驯服得很温顺了，可兔子每次见到蛇都会心惊胆战。

有一天，兔子对老人说："能和您一起生活我非常快乐，但是有一件事情，我一直很难过。"老人微笑着说："是什么事情呢？"兔子回答说："每次看到蛇，我都会非常害怕，我现在请您将我也变成蛇吧，那样，我就不会害怕什么了。"老人答应了它的要求，把它变成了一条蛇。

兔子终于如愿地变成了蛇，它以为这样自己就可以天下无敌了，可是刚一出门，就遇到了一只盘旋而下的老鹰。老鹰瞪着一双犀利的眼睛，看上去很凶猛。它吓得连滚带爬地跑回家，哭着对老人说："我不想做蛇了，您把我变成老鹰吧。"老人答应了它的要求。

这下，变成了老鹰的兔子觉得自己终于可以内心强大地走出家门了。正当它高兴之际，突然，一只老虎呼啸而过，它又吓得拼命飞回家里。兔子难过地对老人说："我还是做老虎吧。"可是，做了老虎的兔子一见到在厨房里的蛇，还是惊恐万分。

兔子百思不解，问老人："为什么我变成了凶猛的老虎以后，还是会怕蛇呢？"

老人笑着对它说："其实，问题的关键不在于你是什么样的动物，也不在于你外部的模样，重要的在于你的心，它依然是兔子的心，怎么会不害怕蛇呢？"

人拥有什么样的内心，就拥有什么样的力量，而这种力量又推动了人外部行为的产生和发展。因此，如果一个人的内心不够强大，那么他的人生也就无法变得强大。

内心强大的人有自己的主见，不会轻易被外界的舆论影响。内心强大的人，不论身边发生什么样的事情，经历了多么大的变化，都不会心猿意马，而是时刻保持心无旁骛，固守着自己内心想要的坚持。

女人这一生都在追寻幸福，而在追求幸福的过程中，无论处于人生的哪一阶段，都可能遇到一些挫折和困扰。尤其是一旦遇到感情问题，很多女人就会变得萎靡不振，甚至溃不成军。拥有强大的内心对于女人来说相当重要，可以这样说，支撑女人走过一生的往往是强大的内心。

同样的事发生在不同的人身上，影响和结果是不一样的。有的人反应剧烈，伤人又伤己；有的人三思而后行，心平气和，结局圆满。

很多女人总是缺乏安全感，容易把快乐建立在别人身上。其实，真正的安全感是自己给的，不能依赖任何人。人是会变的，事情是会发展的，如果舵盘不在自己手中，大半都要卷入生活的旋涡之中。无论发生什么事，自己都可以担当，并且能够找到令自己快乐生活的方式，这才是真正强大的内心。人只有内心真正的强大，才能让自己真正地快乐，也才能给别人带来快乐。

艾格莎女士一生未婚，收养了自己的侄子汤尼。汤尼十八岁那年参了军，在部队一待就是十年。一天傍晚，艾格莎收到一封电报，是部队发来的。他们告诉她，她亲爱的侄子为了帮助受害群众，不幸遇难。这个消息犹如晴天霹雳，艾格莎看完就昏了过去。好心的邻居把她送进医院。醒来后，她依然觉得像做了一场梦，她不敢相信，也不愿相信，汤尼真的已经离开了她。她不停地安慰自己说："一定是他们搞错了，汤尼一定还活着。"

三天后，部队派人把汤尼的骨灰运了回来。那一刻，艾格莎完全崩溃了，痛不欲生。她以为，再过不久，汤尼就能回来跟她一起过圣诞节，她已经为他准备了特别的礼物。可是，现在汤尼回来了，可他再也不能说话，不能微笑，不能亲切地叫她一声"妈妈"了。她觉得，上天是在跟她开玩笑，这样的恶作剧，她真想马上结束。

艾格莎觉得，生活没有了意义。她变得很冷漠，不再跟邻居们说笑，不再与朋友们往来，对工作也没有了热情。她总是回忆和汤尼在一起的时光，拿出汤尼儿时的照片不停地看，想到他已经不在了，就痛不欲生。后来，悲伤过度的她打算辞掉工作，离开生活了几十年的家，去其他的地方。

艾格莎收拾行李时，发现了一封信。那是几年前母亲去世时，汤尼写给她的。信上说："我们都会想念她，特别是你。但我知道，你会撑过去的，因为在我心里你是世界上最伟大的女人。我永远不会忘记你曾经告诉我的那句话：不管活在那里，不管我们相隔多远，都要记得微笑，就像一个男子汉那样，承受一切已经发生的事情。现在，我希望把它送给您，我的妈妈。"

看到这里，艾格莎放下了正在叠的衣服，她觉得自己要好好地活下去。如果汤尼看到自己现在的样子，肯定会很失望、很伤心。她在心里默默地对汤尼说："安息吧！我的孩子！我能承受一切已经发生的事情。"

第二天，艾格莎认真地给自己化了妆，穿上自己最喜欢的衣服。这是汤尼离开之后，她第一次如此精致地打扮自己。她对着镜子说："就算输掉了一切，也不能输掉微笑。"

人生苦短，充满了太多无法预知的苦难，它们总在没有防备的时候悄悄降临。没有谁能保证始终如一地陪伴在你身边，没有谁能保证在你难过的时候会给你安慰，也没有谁能保证在你陷入低谷时能给你一双有力的手。突如其来的变化，可能会把现在拥有的一切变成失去，可能注定要剩下你一个人走一段陌生的路。

真正强大的女人温和从容，淡定如菊，笑靥如花。她们用一抹微笑从容地回应生活的磨难，用柔弱的双肩毅然地扛起沉重的悲伤，坚信人生不会苦一辈子。这样的女人，任尔狂风骤雨，吾自闲庭信步。活出这般风采，如何不令人动容？

不向苦难妥协，才不会沦为悲剧的主角

面对苦难，很多人的第一反应是恐惧和退缩。当苦难降临时，他们的内心就陷入了痛苦和煎熬。其实，如果人勇于面对苦难，并对其不妥协，那么生命就可以得到升华，最终变得璀璨。

1967年夏天，美国跳水运动员乔妮·埃里克森在一次跳水事故中身负重伤，全身瘫痪。

那时，乔妮绝望了，她不能接受这个残酷的现实。出院后，她叫家人把她推到跳水池旁。她注视着那蓝盈盈的水波，仰望那高高的跳台，忍不住哭了起来。她知道她再也不能站立在那洁白的跳板上了，再也无法融入那蓝盈盈的水波了。

那条通向跳水冠军领奖台的路再也看不见她的身影，她被迫结束了自己的跳水生涯。

一度绝望后，她开始冷静地思索人生的价值和生命的意义。

她借阅了许多励志书籍。她虽然双目健全，读书却十分艰难。她只能靠用嘴衔根小竹片去翻书。

但每一本书她都认认真真地用心去读、去感悟。病痛和疲惫常常迫使她停下来，休息片刻后，她又坚持读下去。

慢慢地，她变得阳光、释然："我的身体是残疾了，但是我的心没有残疾，我还有信念！许多人残疾以后，却在另外一条道路上获得了成功。他们有的创造了盲文，有的成了作家，有的创造出美妙的乐曲，我为什么不能？"于是，她开始好好地审视自己。

她想起来她除了喜欢跳水之外，对画画也很感兴趣。为什么不能在画画方面有所成就呢？想到这儿，这位纤弱的姑娘变得更加自信、更加坚强。她捡起了中学时代用过的画笔，用嘴衔着开始练习。这是一个多么艰辛和痛苦的过程啊！

用嘴画画，这是一个多么"幼稚"的想法，家里人连听也未曾听说过。她们怕她不成功而更伤心，纷纷劝阻她："乔妮，别那么折磨自己了，用嘴画画怎么可能，我们会养活你的。"可是，他们的劝阻不但没有打消乔妮的热情，反而激起了她学画的决心："我怎么能让家人养活我一辈子呢？"她更加刻苦了，常常累得头晕目眩，汗水把双眼弄得又辣又痛，甚至有时委屈的泪水把画纸也浸湿了。为了积累素材，她还常常乘车外出，拜访艺术大师。几年后，她的辛勤付出终于有了回报，她的一幅风景油画在一次画展上展出后，美术界好评如潮。

1976年，她的自传《乔妮》一经问世便轰动了文坛。她收到了数以万计的热情洋溢的读者来信。两年之后，她的《再前进一步》一书出版。该书以作者的亲身经历向身患残疾的朋友讲述了应该怎样战胜病痛，如何立志成才。后来，这本书被搬上了银幕，影片的主角由乔妮自己饰演，她成了千千万万个青年尊崇的偶像和学习的榜样。

乔妮用自己的行动告诉了人们一个深刻的道理：只要你内心强大，这个世界便不存在打败你的对手，除非你自己先投降。选择向命运抗争是胜利的第一步。

人生不可能一帆风顺，人的一辈子必定有风有浪，不会一路阳光。所以当你遇到挫折时，请不要沮丧，而要冷静地面对它、看待它。

当你遇到令人伤心的事情时，要告诉自己："它来了，这是必经的过程，只有自己能够帮助自己，所以我要勇敢地面对现实，现在就想办法解决它。"你要不断地用心灵的力量来为自己"打气"，要比平时更坚强，让自己走过生命的"黑暗"，迎向灿烂和光明。

世界著名画家梵高一生历经万般苦难。年轻时，他在绘画上的天赋并没有得到世人的认可，他努力且用心地画画，但这并没有给他窘迫的生活带来什么改变。他买颜料、画布的钱都需要兄弟来接济。另外，他在爱情中屡次受挫，这使他心灰意冷。生活中的苦难，让他十分痛苦。

没有人能真正体会他的苦痛。为了摆脱内心的痛苦，他亲手用剃须刀片割下了自己的一只耳朵。最后，在医院里，他对着自己的胃部开了一枪。虽然这一枪并不致命，却让他饱受痛苦。在剧痛中挣扎了两天后，他悄然离世。

有人说，梵高早已精神崩溃，早就厌烦了这个充满苦难的人生，他愿忍受贫穷，却从未放弃绘画。

在遗言中，梵高写下"痛苦就是人生"。他的人生就是一部苦难史，然而，正是苦难给了他旷世的创作灵感，让他在短短37年的生命中，创作出了震动世界的名画。许多美术界大师都曾高度褒奖梵高，并对他的作品多加临摹。

梵高的作品大多以天价售出。其中，《加歇医生的肖像》以8250万美元的价格拍卖给一位日本收藏家；《拿烟斗的男孩》的拍卖价为1.0416亿美元。梵高的一幅没有胡子的自画像以7150万美元卖出。

可惜，这位伟大的画家是在死后若干年后才得到世人的认可。尽管晚了，但世人的认可还是让他那短暂的人生从黯淡变得辉煌。

每个人都会经历一些挫折和困难，但不管是什么样的困难，都绝不能妥协。唯有勇敢面对，才能开创出崭新的人生。

不要将自己的"伤口"揭开给别人看

活在世界上，每个人都有自己的无可奈何，比如，事业不顺的痛苦、疾病不愈的痛苦、感情不和的痛苦、子女不孝的痛苦……

女人是感性的动物，痛苦的时候往往习惯倾诉。但倾诉要选对合适的人，更要懂得适可而止。不管遭遇了什么，你的痛苦只属于你自己。你声情并茂地把自己的痛苦倾诉出来，心疼你的人会安慰你一番，让你感到短暂的释放。但若你不能停止抱怨，而是频繁地向别人倒"苦水"，终有一天对方会厌倦。

有人说："不要把自己的伤口揭开给别人看，别人看的也许只是热闹，疼的却是自己。"生活中就有那样一些人，会把别人的痛苦当成故事来听，心中无丝毫的怜悯，甚至言语间还透着一股幸灾乐祸。那时你会发现，自己的倾诉只是在揭开伤口，让痛苦加倍。

阿瑞亚是一家医院的护士。有一天，在下班的路上，她的眼睛突然很难受。于是她到街角的一个小药店买了一瓶非处方滴眼液。刚把眼药水滴到眼睛里，她立刻感到一阵灼热的疼痛，几乎看不见了。

护士的白制服还没脱，她就被送进急诊室。医生做了一切所能做的，却无济于事。原来眼药水里配有碱液，滴入眼睛里一小时之后，她就双目失明了。

一个34岁的女人，突然间变成了一个事事都要依靠人的"小孩"。之后的几个月，阿瑞亚大多数时间都躺在床上，断断续续地昏睡。眼睛的损伤使她常常偏头疼，感到疲惫不堪。电话响了，她很少接。她也不想见人。丈夫和朋友的安慰，她也根本听不进去。

在失去视力之前，阿瑞亚除了工作外，有很多朋友，也有很多兴趣和爱好。业余休闲时她喜欢画画、做珠宝、摄影和飞行。可这些兴趣，在她失明后变得遥不可及。

淡雅 心静如水，人淡如菊

一年时间就这样过去了。有一天，阿瑞亚躺在床上，突然问自己："我生活的质量是什么？我每一天都在吞咽自己的苦难，越陷越深，这比失明还糟糕啊！未来同样不见光明的10年、20年、30年……这就是我想要的吗？"

"不！我不能这么活着！"她突然感到自失明后的第一次力量，对生活的渴望在她心里复发，她想把自己的生活"找回来"。

阿瑞亚第一次没有抱怨发生在她身上的不幸，她给自己设定了新的目标和方向。她给导盲犬组织打电话寻求帮助。当她想这样做时，她的心跳加快了：电话在哪？我能打通吗？我会拨号吗？她感觉好极了。

她联系上了导盲犬组织，接受了培训课程，她觉得自己又活跃起来了。在之后的6个星期里，阿瑞亚完成了培训。这是她在失明后第一次感受到生活的希望。

渐渐地，在导盲犬的帮助下，阿瑞亚可以去想去的地方了，甚至开始爬山。如果她的丈夫发现一只鸟，她会问鸟的颜色、样子，猜猜是什么鸟。

阿瑞亚还在医院的X线室找到了一份新工作。她能自己独立生活了，很快，她又报名成为导盲犬组织的一名志愿者，后来又全职为导盲犬组织工作。

阿瑞亚说，她现在非常满足与平静，虽然失去了视力，但她心里对生活看得更明白了。

有些人喜欢夸大自己的"伤口"，也许他们希望别人体贴自己，也许他们想要宣泄压力，于是他们把自己的伤痛加倍，告诉别人也告诉自己，仿佛那些"伤口"再也没有办法愈合。事实上，影响愈合的正是这种"留恋伤口"的行为，他们忘不了"伤口"，也不愿意忽略，宁可把疼痛当作生活的重心，也不去寻找方法做一次"伤痛转移"。其实，"伤口"留下的不过是一道疤，看似严重，却早已对人没有影响，只有对它们念念不忘的人才会一次又一次地受到伤害。

许多人只知抱怨处境艰难，却从不将注意力集中到解决问题上，这样的后果往往更糟糕。抱怨不仅让人丧失勇气，还会让人失去朋友。

与人分享快乐，快乐就变成了两份；与人传播痛苦，痛苦就会加倍。终日不断地重复自己的痛苦的女人，会显得肤浅急躁，不够成熟。过多的哀怨，还会引起他人的反感。试问，谁会愿意为你的坏情绪埋单，谁愿意终日与一个只会传播痛苦的人做伴？事情发生了，反复述说徒劳无功，不如直面痛苦、藐视痛苦，用爱将痛苦悄悄地融化，而不是让其成为他人的笑柄，成为自己不美好的标签。

同学聚会上，林然见到了阔别已久的闺蜜安鑫。毕业后，安鑫就跟随丈夫去了广州，其间她们只见过一次面，就是在安鑫的婚礼上。后来，安鑫搬家换了手机号码，林然也因结婚生子逐渐忙了起来，彼此间便断了联系。林然试图打听过安鑫的消息，可身边的人都说"没联系""不清楚"。

这次，林然得知安鑫是独自一人过来参加聚会的，便热情地邀安鑫去家里做客。恰好，丈夫的单位组织出游，他带着孩子同去，只剩林然自己。难得有机会与昔日的老友谈心，林然兴奋不已。

通过聊天林然得知，安鑫过得并不容易。结婚第四年，她的爱人得了重病，他们四处求医，幸好治疗得还算及时，人无大碍，只是不能再做从前的工作。看病的钱是借的，爱人又没了工作，孩子刚刚两岁，家里的担子全落在安鑫一个人身上。日子很艰难，可她没有丝毫怨言，还是一步步地挺了过来。前几年，他们还清了欠的债，用剩下的钱开了一家建材店，生意还不错，生活逐渐有了好转。一次偶然的机会，当年的一位同学到广州出差，恰好遇见了安鑫。这样，两人才互留了电话，安鑫向老同学打听林然的消息，却一无所获。之后，老同学告诉她有一场难得的聚会，她就特意赶来了。其实，主要的目的还是想看看林然。

林然感到一阵心酸，握着安鑫的手说："当年，你那么困难，为什么不告诉我呢？你受了这么多委屈，为什么不跟我说说呢？"安鑫反握着林然的手，轻轻地说："我告诉你，又能怎么样呢？还不是让你替我着急难过？我不想让自己的痛苦影响别人的生活。再说，那些也不算什么事，不是都过来了吗？"林然望着安鑫，她表情淡然，神态自若，完全像是讲述别人的故事。残酷的生活并未把她变得苍老，岁月的洗礼反倒让她多了一分优雅与平和。

女人这一辈子，无论贫穷富贵，都不可能一帆风顺，正所谓"家家有本难念的经"，若遇到一点不如意就抱怨，最终只会让自己变得庸俗而不幸。不用自己的痛苦去换同情，优雅地对待生命里的"沟壑"，那么不管你的角色是什么，不管你在什么人面前，你都是优雅的，都是令人尊敬和喜欢的。

在安静中不慌不忙地坚强

林徽因写过一篇短文，教导我们要在安静中不慌不忙地坚强。

生命中有太多的挫折，让我们来不及去消化，它无声无息地来了。或许是在安静中，或许在喧闹中，它们不像蚊帐，静静地待在那里，我们可以随时掌握它的动向，它也不会变质，不会突然变成凉席。但是挫折却会，也许我们正处在兴奋中，也许我们正在欢呼，下一秒它便向我们袭来，就像我们正在庆祝着高考结束的时候，殊不知，我们即将离开校园，以后便要各自天涯，以后要如何相聚。又是失意。而我们要做的是安静下来，要不慌不忙地坚强，要知道天下没有不散的宴席。有缘便会相聚，无缘，我们注定错过。我们要在安静中，不慌不忙地坚强。

是的，在不幸和磨难面前，我们要安静地忍受、积蓄力量、寻求解决之道。假如你不够安静，情绪躁狂，那越是挣扎，结果便越糟糕。

1965年，美国海军上将斯托克代尔在越战中被俘，被关押在河内希尔顿战俘营里。作为被俘的最高级别将领，斯托克代尔没有受到任何优待，先后遭受了20多次拷打。他曾一度怀疑自己能否活着出去，直到8年后获释回国。

管理学家吉姆听说了斯托克代尔的事迹后，问他："8年时间里你有很多同伴不幸遇难，为何你能熬过来？"

斯托克代尔想了想说："我一直渴望活着出去见到家人，这个渴望一直支撑着我。"

"可是那些死去的人，应该也渴望见到亲人吧？"吉姆不解地问，"那你同伴中最先死去的是哪些人呢？"

斯托克代尔遗憾地答道："是那些过于乐观的人。他们总盼望圣诞节就可以被特赦，可是节日过后没能如愿，于是又想复活节可以，结果还没被释放……这样失望一次接着一次，不久后便郁郁而终。"

停歇片刻，斯托克代尔长叹了口气，讲起发生在战俘营的事："由于各自被关入不同的牢房，同胞们彼此看不到，于是他们发明了一种秘密传递信息的方式，约定相互敲墙，以敲击的节奏来代替英文字母。开始时，大家都用敲墙来鼓励对方，节奏也严格按照约定。可是没多久，就有人破坏了规矩，经常在节日前后用急促的敲击来宣泄情绪，节奏与平日大相径庭。越来越多的人烦躁地敲着，战俘营里喧闹不堪，此后死去的人也日益增多……"

"有节奏地敲墙，其实是大家表达活着出去的愿望的方式，而如果杂乱无章地敲击，将会适得其反。"最后，斯托克代尔语重心长地说，"这是非常深刻的教训。在不如意的境遇下，一个人越是凌乱、躁狂，越是事与愿违。"

安静是一种手段和策略，目的是厚积薄发，期待蜕变，收获成功。所以，我们要在安静中不慌不忙地坚强。

1983年的一天，一个女婴在美国亚利桑那州图森市的一家医院呱呱坠地。令人惊愕的是，这个女婴一出生就没有双臂。虽然身体上有不可弥补的缺憾，女婴还是在父母的疼爱下成长为一个可爱的小女孩。

有一天，女孩站在阳台上，看到一群与自己同龄的孩子在阳光下欢快地奔跑着，他们正张开天使翅膀般的双臂追逐翩翩起舞的蝴蝶。女孩十分伤心地向母亲哭诉命运不公，竟然不肯给她一双拥抱世界的手臂。

母亲温柔地安慰女孩："亲爱的宝贝，或许上帝的确有些偏心，但他是要送给你更多的梦想，他是想让你用行动去告诉人们——即使没有翅膀，你也可以高高地飞翔，就像没有修长的十指，你同样可以写出漂亮的文章，可以弹出美妙的琴声……"

女孩仰起头来，疑惑地问："我真的能做到吗？"

母亲坚定地告诉她："只要你的梦想没有折断翅膀，你就一定能飞得很高很高。只要你肯付出努力，就一定能做到。"

女孩对母亲的话深信不疑，她的目光一遍遍地"抚摸"着自己那双看似普通的脚，对自己说："我有一双非凡的脚，它不只可以用来奔走，还可以用来飞翔。"

从此，女孩开始在父母的指导和帮助下，有计划地锻炼自己双脚的柔韧性、灵活度和力量。因为怀揣梦想，女孩经历了难以计数的失败，克服了人们难以想象的困难，终于在人们惊讶的目光中，练出了一双异常灵活的脚。

女孩后来不仅可以用双脚吃饭、穿衣，轻松地实现生活自理，还学会了用脚弹琴、写字、操作电脑……常人所能做到的一切，她用双脚几乎全做到了。当她自豪地在人们面前展示自己非同寻常的"脚功"时，当初那些用异样的眼光看她的人，目光中渐渐地充满了钦佩。

14岁那年，她一脸阳光地穿着无袖的上衣，彻底扔掉了那副装饰性的假肢，走进校园、商场、街区……她觉得自己和平常人没什么不同。

女孩用自己的双脚创造了一个又一个奇迹，从小学到中学，她读书刻苦，作业总是写得一丝不苟，学习成绩始终名列前茅。她的老师和同学无一不敬佩她的坚毅和自强。

当女孩拿到亚利桑那大学心理学专业的学士学位证书时，父亲自豪地鼓励她："孩子，你还可以做得更棒！"他们一家人幸福地拥抱在一起。

女孩自信地笑着告诉家人："爸爸说得对，我还可以做得更棒！"

为了保持腿部的灵活性与韧性，女孩需要增强腿部肌肉的力量。为此，她不仅坚持跑步，还成了一家跆拳道馆里小有名气的高手，也是碧波荡漾的泳池里的一条自由穿梭的"美人鱼"……

在一次体检中，医生指着给她拍的X光片，惊奇地感叹："你的双脚经过锻炼已变得异常敏捷，脚趾关节竟然像普通人的手指关节一样灵活自如。"

后来，女孩走进了汽车驾驶学校，很快便掌握了驾车的各项技术，顺利地拿到了驾照，并能用双脚娴熟地驾车御风而行……

但是女孩对自己所取得的这些成绩并不满足，她还想要亲自驾驶飞机，拥抱苍穹。

看到一个无臂女孩亲自驾驶汽车来报名，她的目光中流露出从容、淡定与果决。著名教练帕里什·特拉威克知道她一定会像一只矫健的雄鹰那样翱翔蓝天。

如他所料，女孩在学习飞机驾驶的时候丝毫不逊色于那些身体健全的飞行员，甚至比不少学员表现得更出色。

她冷静、沉着地用一只脚操纵着控制板，用另一只脚操纵着驾驶杆，滑行、拉起、升空……每一个动作都十分准确、到位。

教练帕里什·特拉威克后来回忆说："她驾驶飞机时非常冷静和稳定。事实证明，她是一个优秀的飞行员，一旦你和她在一起待上20分钟，你甚至会忘掉她没有双臂的事实。她向人们展示，人可以突破所有的限制。她真是太令人难以置信了！"

女孩在25岁的时候，如愿拿到了轻型运动飞机的私人驾照，开创了美国飞行史的先例，因为她是第一个只用双脚驾驶飞机的合法飞行员。

这个女孩的名字叫杰西卡·考克斯。

如果将我们人生道路上的一切艰难险阻比喻成山洞，那么身陷困厄的我们就如同被困于山洞中的人一样，是否能够突破阻碍、获得成功，关键在于我们是否能够直面困厄、坚韧拼搏、奋勇前进。

正如莎士比亚所说："那些因为害怕蜜蜂针刺而不敢靠近蜂巢的人不配享用蜂蜜。"人如果只满足于现在，不去挑战，又怎么会发现自己无穷的潜力？怎么去改变自己，改变世界？

以花开的姿态迎接一切逆境

人生如同一场旅行，沿途有良辰美景，也有坎坷泥泞。一路上，凄风苦雨、灰尘阴霾，随时可能降临。纵然是阳光普照，也依然会有阴影的存在。如果人的一颗心总是被灰暗覆盖，干涸了心泉，暗淡了目光，失去了希望，就无法等到柳暗花明的那一天。

美国著名电台广播员莎莉·拉菲尔，在30年的职业生涯中，曾经被辞退了18次，可是她每次都放眼最高处，确立更远大的目标。

最早的时候，莎莉想到美国大陆无线电台工作。但是，电台负责人认为她是一个女性，不能吸引听众，拒绝了她。之后，她来到了波多黎各，希望自己有好运气，但是她不懂西班牙语。为了精通西班牙语，她花了三年的时间学习。在以后的几年里，她不停地工作，不停地被人辞退，有些电台甚至指责她根本不懂什么叫主持。1981年，她好不容易在纽约的一家电台谋求到一份差事，不久又遭辞退，说她跟不上时代。

莎莉并没有因此而灰心丧气。她总结了一次次失败的教训之后，又向国家广播电台推销她的节目构想。电台勉强答应了，但提出要她先在政治台主持节目。

"我对政治所知不多，恐怕很难成功。"她也一度犹豫，但坚定的信念促使她大胆地尝试。她对广播早已轻车熟路，于是她利用自己的长处和平易近人的风格，大谈即将到来的7月4日国庆节对她自己的意义，还请观众接听电话来畅谈他们的感受。听众立即对这个节目产生了兴趣，她也因此而一举成名。

如今，莎莉·拉菲尔已经成为自办电视节目的主持人，曾两度获得重要的主持人奖项。

在谈到自己的成功经验时，莎莉说："我遭人辞退了18次，本来大有可能被这些遭遇所吓退，做不成我想做的事情，但我绝不放弃自己的希望，一直坚持到最后，所以今天我能幸运地成为一名著名主持人。"

巴尔扎克曾说过："苦难对于天才是一块垫脚石，但对于弱者是一个万丈深渊。"

人只有正确地看待逆境，才能正确地面对逆境，并不懈地努力，才能最终取得成功。人处于逆境犹如逆水行舟，当划过了一段最艰难的河道之后，我们常能感到一种放舟千里、直奔大海的气势与喜悦。

1987年3月30日晚上，洛杉矶音乐中心的钱德勒大厅内灯火辉煌，座无虚席。人们期盼已久的第59届奥斯卡金像奖的颁奖仪式正在这里举行。热情洋溢、激动人心的气氛中，主持人宣布：玛莉·马特琳在《小上帝的孩子》中有出色的表演，获得最佳女主角奖。全场立刻爆发出经久不息的雷鸣般的掌声。玛莉·马特琳在掌声和欢呼声中走上领奖台，从上届影帝——最佳男主角奖获得者威廉·赫特手中接过奥斯卡金像。

手里拿着金像的玛莉·马特琳激动不已。她似乎有很多很多话要说，可是人们没有看到她的嘴动；她又把手举了起来，不是那种向人们挥手致意的姿势，她是在向观众打手语。她的意思是："说心里话，我没有准备发言。此时此刻，我要感谢电影艺术科学院，感谢全体剧组同事……"

原来，这个奥斯卡金像奖颁奖以来最年轻的最佳女主角奖获得者，竟是一个聋哑人。

玛莉·马特琳出生时是一个正常的孩子。在出生18个月后，她被一次高烧夺去了听力和说话的能力。

淡雅 心静如水，人淡如菊

命运并没有击倒玛莉·马特琳对生活的希望。她从小就喜欢表演，8岁时加入伊利诺伊州的聋哑儿童剧院，9岁时在《盎斯魔术师》中扮演多萝西。16岁那年，玛莉被迫离开了儿童剧院。所幸的是，她还能时常被邀请用手语表演一些聋哑角色。正是这些表演，使玛莉认识到了自己生活的价值。她利用这些演出机会，不断锻炼自己，提高演技。

1985年，19岁的玛莉参加了舞台剧《小上帝的孩子》的演出。她饰演的是一个次要角色。可就是这次演出，使玛莉走上了银幕。

女导演兰达·海恩丝决定将《小上帝的孩子》拍成电影。为物色女主角——萨拉的扮演者，导演大费周折。她用了半年时间先后在美国、英国、加拿大和瑞典寻找，都没找到中意的。于是她又回到了美国，在观看舞台剧《小上帝的孩子》的录像时，她发现了玛莉高超的演技，决定立即启用玛莉担任影片的女主角——萨拉。

玛莉扮演的萨拉，在全片中没有一句台词，全靠极富特色的眼神、表情和动作，揭示主人公矛盾复杂的内心世界——自卑和不屈、喜悦和沮丧、孤独和多情、消沉和奋斗。玛莉十分珍惜这次机会，她勤奋、严谨、认真地对待每一个镜头，用自己的心去拍，因此表演得惟妙惟肖，让人拍案叫绝。

最终，玛莉·马特琳成功了。她成为美国电影史上第一个聋哑影后。正如她自己所说的那样：我的成功，对每个人，不管是正常人，还是残疾人，都是一种激励。

女人要活得自我，活得幸福，坚强是第一要素，它就如一把开山的斧、远航的帆。

记住：如果你想成为一个面对磨难能灵活应对的女人，在生活中能有所成就的女人，不管自身条件如何，都不能守株待兔，一定要充满坚定的信念，保持恒心，不放弃努力，积极面对一切逆境！

生活就是一场经历，没有输赢

女作家陈文茜说："生命没有输赢，只有值不值。任何事、任何经历，包括爱情、工作，不是得到就是学到。"很多时候，输赢并无明显的界限，输又如何，赢又如何？

禅师上山砍柴归来，在下山的路上，看到一位少年捕到一只蝴蝶捂在手里。

少年看到禅师，笑着说："大师，我们来打赌怎样？你猜我手里的这只蝴蝶是活的还是死的？你若是输了，你那担柴就归我了。"禅师同意，猜道："你手上的蝴蝶是死的。"

少年笑道："你错了，大师！"他把手张开，蝴蝶从他手中飞走了。禅师说："这担柴归你了。"说完，禅师放下柴，笑着走了。

少年不解，为何禅师输了还如此高兴？可望着眼前这担柴，他也顾不得想太多，高兴归去。

回家后，父亲问及这担柴的由来，少年如实地讲了经过。父亲听后，叹了口气，说道："糊涂啊！你以为，你真的赢了吗？

恐怕，你连自己怎么输的都不知道！"少年一头雾水。

父亲命令少年担起柴，两人一同将其送回寺院。少年的父亲向禅师道歉："师傅，我的孩子得罪了您，请原谅。"禅师点头，微笑不语。

回家的路上，少年忍不住问及缘由。父亲说："大师唯有说蝴蝶死了，你才会放了蝴蝶，赢得一担柴；若他说蝴蝶活着，你会捂死蝴蝶，也能赢得一担柴。你以为大师不知道你心中所想吗？大师是慈悲为怀。"

输赢之间，不是冰炭相敌、水火不容。置身于万人之上，有了荣誉和地位，享受着别人的仰视时，你以为你赢了，却忘了高处不胜寒的孤独，身边很少有纯洁的友情，也没有自由支配的时间与空间；相反，过着平平淡淡的日子，拿着微薄的薪水，你以为你输了，可你却可以享受轻松惬意的生活，多了与伴侣和孩子相处的时光，这不也是一种赢吗？

不知从什么时候开始，"赢"成了她生命的支点。

公司里的人总调侃说，她是个"狠角色"。倒不是她为人心地不好，而是她对自己太过苛刻。别人能做到的，她必会做到；别人做不到的，她依然要做到。至于要承受多大的压力，付出多大的精力，她全然不在乎。

为了丈夫可以"高人一等"，走出家门时赢得众人艳羡的目光，她私下里为丈夫做了诸多"计划"。可惜，丈夫偏偏是个喜欢清静的人，对应酬和经商丝毫没有兴趣，对她的苛求早已厌倦至极。生活在同一屋檐下，两人几乎没有任何交流，可即便如此，她依然认定这一切都是丈夫的错，为自己喊屈。

孩子是她最在意的人，也是她的骄傲。她希望儿子能够像自己一样优秀、能干，超越身边所有的孩子。可儿子终究是个独立的人，有他自己的思想，儿时还愿意听从她的安排，到了叛逆期后，对她的态度渐渐变冷，母子之间隔着深深的代沟。偶尔气不过，她会冲着儿子发火，说自己的苦心白费了。

那日，朋友约她喝茶。席间，为了缓和她的情绪，朋友提议下盘五子棋。她是新手，对下棋不在行，一连几盘都落败。她笑着说："我不会下。"朋友却说："你不是不会，是总想赢。"

她愣住，没想到朋友冒出这么一句话来。朋友解释道："你总想着赢，就会一直盯着自己的棋子，想让它尽快地连成五子，却疏于防备。"

她若有所思地点了点头："我明白了。"

接下来，朋友走一步，她就围一步；朋友走两步，她就围两步。直到整个棋盘都满了，谁也没赢，平局。她很得意，说："这次终于没有输。"

朋友摇摇头，说道："生活有很多种方式，就跟下棋一样，赢也不过是其中之一。平局双赢，不也很好？甚至有时输掉棋局也是赢。生活从来不是非黑即白、非赢即输的，用不着费尽心力地只想赢。赢了是生活，输了一样是生活，看淡一点，日子才好过。"

人生恰如一盘棋，只要朝着一个目标，踏踏实实地走好每一步，就能成就无憾的人生，无须去计较输赢。经历过了，就意味着生命的积淀。有时，看似是你赢了，其实你却输了；看似是你输了，实则你却赢了。

对待输赢这件事，不用太在意，觉得压力大的时候，要学会

淡雅
心静如水，人淡如菊

放下沉重的"包袱"。人生一世，匆匆数十年，如白驹过隙，若把生命消耗在输赢的争斗中，那一生都将不堪重负。唯有视输赢为云烟的女人，才能不骄不躁、稳稳当当地生活；也唯有轻输赢、笑对天下事的女人，才会有"任尔东西南北风，把酒一杯且从容"的洒脱。

有一点缺憾没关系，悦纳所有的不完美

几乎每个人都在追求完美的亲情，想拥有完美的爱情，想拥有完美的人生。只是日有东升西落，月有阴晴圆缺，就连星星也有陨落，真正意义上的完美并不存在。也正因为有了缺憾，我们才能看到另一种人生。

相传，蝙蝠原本是有机会成为鸟类的，只是它为了追求完美而放弃了所有的羽毛。

上帝造物造到鸟的时候，摆出了各种颜色和形状的羽毛，让鸟儿们挑选。凤凰爱美，挑了红色、绿色和金色；喜鹊低调，选了黑白；黄鹂素雅，选了淡黄色和其他装饰性的斑点；麻雀单纯，看到别人扔在地上的土褐色羽毛，便穿在了自己身上。

唯独蝙蝠，趴在屋顶上冷眼旁观，不时地笑话别人。它说凤凰俗不可耐，喜鹊选的颜色太哀伤，麻雀的羽毛太土气。当众鸟纷纷离开后，上帝问蝙蝠有没有喜欢的羽毛。蝙蝠很不屑，认为这些都太普通，它想要更加完美的颜色。

上帝说："每种颜色都有独特的美，重要的是你知道自己想要什么。既然你看不上羽毛，做不成鸟类，那就做兽类吧！"蝙蝠同意，但又提出，要做一个完美的兽。

上帝疑惑地看着蝙蝠，问道："何谓完美的兽？"

蝙蝠说："我不仅要会走，还要会飞。"

上帝应允了，给了蝙蝠一对翅膀。至此，万物中"完美"的动物诞生了——蝙蝠。

每个女人在内心深处也曾有过一个自我设计："我想成为一个怎样的人？"对自我存在美好的憧憬和期望无可厚非，但是太过追求完美，那么现实与理想之间就会产生巨大的落差，如此一来，失望就会产生，自卑、烦恼、怨恨也会接踵而来。

一家心理咨询室里，女患者对心理医生说："我总是对自己不满意，有时心情很烦躁。看到别人比我优秀，比我漂亮，我心里更自卑了。我一直在想，怎么做才能让自己完美一点？"

心理医生很平和，从身旁的桌子上端起一只茶杯，递给女患者，问道："你看，这只茶杯和其他的茶杯有什么不一样？"

女患者拿在手里看了一眼，说："这茶杯有缺口。"

心理医生点点头，说道："可是，除了那一点点缺口，整个杯口不都是圆的吗？我们每个人都有缺陷，就如同茶杯上的缺口，如果能用一颗平常心接纳自己的缺点，不苛求自己，不勉强自己，也就不会纠结了。"

女患者问："我想过接纳自己，可每每看到镜子里的自己，所有的信心就都没了，只想冲着自己发脾气。让我喜欢上臃肿的身材、粗糙的皮肤，我很难做到。"

心理医生说："我有个朋友，是一位女雕刻师，她非常漂亮，也很有才华。她坐在那里雕刻东西的样子，专注而优雅，连我看了也会觉得她很迷人。不过，她每次一站起来，都会让身边不熟悉她的人震惊：她的腿有残疾。曾经有人对她说：'如果不是你的腿有残疾，你应该会比现在更优秀。'她不生气，也不感慨，而是淡然一笑，说：'或许，你说的有道理吧！可我没觉得有什么遗憾。如果不是腿有残疾，我可能会花更多的时间出去逛街、看电影，就不可能专心学习雕刻了。所以，我感谢上天给了我一个残缺不全的身体。'"

女患者若有所思地沉默着。

心理医生看着她说："接纳身上的缺陷，不是让你强硬地去弥补它，而是透过这一缺陷，看到人生的另一面。有个故事不知你听过没？

"一个圆被上天劈去了一小部分，它觉得很自卑，一心想找回完整的自己。这种心情，与此刻你的感受类似。圆四处奔波，寻找属于自己的那块碎片。因为不完整，它滚动起来很慢，为了打发时间，它与鲜花为伴，和昆虫聊天，问它们是不是见过自己缺失的那部分。其间，它也找到过很多碎片，但都跟自己不匹配。

"终于有一天，它在草丛里找到了自己的那块碎片，重新成了一个完整的圆。结果它滚得很快，看不清周围的东西，也感受不到生活的美好，它突然觉得，做个完整的圆其实也没那么好。于是，它又把那块历经千辛万苦才找到的碎片扔掉了。"

走出心理咨询室时，女患者的心平静了许多。

完整的生命历程拥有它本来的面目，每一个人在生命中拥有的或者说得到的，都只是其中的一个部分，不管是我们认为珍贵的，还是视为灾难的；无论是天生就被赋予的，还是后天遭遇的。没有人一生都没有经历过不完美，因为不完美本就是构成完整生命的部分。我们应该勇敢地面对不完美，享受完整的生命历程。

追求完美固然是好事，尤其是在赛场上，只有不断地挑战自我、超越自我，才能取得进步。但是，凡事都有一个度，人如果过于热衷于完美，就会与自己的初衷脱节。人生中也一样，凡事有度，明白人生不可能完美，就不要强求。

古希腊大哲学家苏格拉底还是单身汉的时候，和几个朋友住在一间只有七八平方米的小屋里。虽然很挤，可他一天从早到晚总是乐呵呵的。

有人问他："那么多人挤在一起，连转个身都困难，有什么可高兴的？"

苏格拉底说："朋友们在一块儿，随时都可以交换思想、交流感情，这难道不是很值得高兴的事吗？"

过了一段时间，朋友们一个个成家了，先后搬了出去。小屋里只剩下了苏格拉底一个人，但是每天他仍然很快活。

那人又问："你一个人孤孤单单的，有什么好高兴的？"

苏格拉底说："我有很多书啊！一本书就是一位老师，和这么多老师在一起，时时刻刻都可以向他们请教，我怎能不高兴呢！"

几年后，苏格拉底也成了家，搬进了一座大楼里。这座大楼有七层，他的家在最底层。底层在这座楼里是最差的，不安静、不安全也不卫生。楼上总是往楼下泼污水，丢死老鼠、破鞋子、臭袜子和杂七杂八的脏东西。

可是苏格拉底还是一副喜气洋洋的样子，那人好奇地问："你住这样的房间，也感到高兴吗？"

"是呀！"苏格拉底说："你不知道住一层有多少妙处啊！比如，进门就是家，不用爬很高的楼梯；搬东西方便，不必花很大的劲儿；朋友来访容易，用不着一层楼一层楼地去叩门询问。特别让我满意的是，我可以在空地上养花种菜。这些乐趣，真是数之不尽啊！"

过了一年，苏格拉底把一层的房间让给了一位朋友，这位朋友家有一个偏瘫的老人，上下楼很不方便。苏格拉底搬到了楼房的最高层——第七层，可是每天他仍是快快乐乐的。

那人揶揄地问："先生，住七层楼也有很多好处吗？"

苏格拉底说："是呀，好处多着呢！仅举几例，每天上下几次，是很好的锻炼机会，有利于身体健康；光线好，看书、写文章不伤眼睛；没有人在头顶干扰，白天黑夜都非常安静。"

我们生活的世界缺点很多，没有谁的人生是圆满的，也没有哪个人是完美无瑕的，可这又有什么值得恼怒的呢？

柳树没有挺拔的身姿，却有婀娜多姿、随风摇摆的柔美；青松没有花开的芬芳，却有傲然挺立的气质；白杨没有美丽的叶子，却有着参天的伟岸。生命正因有了裂缝，阳光才能照进来。做女人要通达，不要苛求完美，而应时刻提醒自己，别人拥有的未必适合自己，也未必能给自己带来快乐。莲花就是莲花，玫瑰就是玫瑰，做自己就好。

第六章

❋

轻掩浮躁喧哗之门，让自己从容微笑

❋ ❋ ❋ ❋

生命不在于奢华，而在于简单的快乐

人们往往想要通过奢华的物质来达到更高层次的精神享受，让他人觉得自己高人一等，让自己成为他人关注的焦点。然而，所谓的精神享受的真正意义是什么？聪明的女人应该知道，真正意义上的精神享受不是让他人叹服的虚荣，是由心而发的快乐感。

一个女人在商场购物，逛了近一个小时，可是手里的购物袋却寥寥无几。

"田小姐，您来啦？"一阵热情的迎客声打断了女人对价格标签的凝视，她不经意地转过头去看。从这位田小姐的打扮上来看，就知道这是个富贵的女人，烫着波浪大卷，从头到脚都是名牌，金银首饰在店内强光的照射下一闪一闪，惹得人眼睛不舒服。事实上，女人知道，是自己心里不舒服，因为她不知道自己这辈子还会不会这样光鲜的时候。

"嗯，不是给我打电话说有新货上架吗？限量版的。"田小姐开口问道。看来她是老客户了。

"是啊，是法国时尚节刚刚又一次得奖的大师的新作，全球限量只有50个，全中国也只有8个而已。这样名贵的包，当然只配您这样高贵的人了。上午刚到货就给您打电话了，10分钟前才刚刚上架……"说着，导购员亲自拿着口中所讲的限量版名牌包给那位田小姐搭在肩上。

"好了，给我包起来吧，我就要这个金色的。"田小姐说着便抽出一张卡来。

出于好奇，女人也佯装结账走到柜台，装作不经意地瞟了一眼刚拆下来的价格标签，顿时傻了眼——50000元。女人想："5万块啊，是我两年的工资啊，就这样毫不犹豫地买了？就这么一个包？"

直到田小姐离开，女人还是没有缓过神来。只听几个导购员在议论说，这位田小姐每月都要来消费好几次，只要有新货，只要是限量版，她都会抢先买。

"小姐，您好，您有看中的吗？有什么需要我帮忙的吗？"女人看看导购员，看看自己手中随意拿起来的一款包包，再看看包包上标注的"天价"，她尴尬地将包包放下，快步离开。

女人怏怏地回到家中，满脸的惆怅与不悦。

"亲爱的，回来啦，我今天给你做了些糖醋排骨，是我特意向饭店的大厨请教的，口味那绝对是五星级的……"新婚不久的丈夫在餐桌前忙活，摆满了一桌子的菜。

"在这65平方米的房子里说五星级，不觉得讽刺吗？"女人没好气地放下这么一句话，低着头专心地换拖鞋。

"话可不能这么说，房子虽小，可是咱有啊，多少人连这么个小户型还买不起呢。再说了，幸福不在于这多少平方米的数字，再大的房子，晚上也只需那2米乘2米的床占的地方，更重要的是这满屋子的爱……"丈夫本就是个没脾气的人，女人当初嫁他也正是因为这一点，他不但对自己关爱呵护不已，对于自己的无理取闹也总能包容。

"照你这么说，生活的最高理想不是房子有多大，够睡就行了是吧，买个一张床大的不更好？进门就是床，除了睡觉就别进家门……"原本很温馨的话，此刻听来，女人觉得有股"吃不着葡萄就说葡萄酸"的意味。

"亲爱的，你怎么了，吃饭吧？"丈夫想化解妻子心中的不悦。

"吃吃吃，就知道吃，生活的唯一追求就是吃吗？一个男人就不能有点出息，有点志向，什么知足常乐，都是废话！都知足的话，一辈子都别想过上好日子了。"

"你……你说我没出息？我这样把你捧在手心里，恨不得把全世界都给你，你就没有丝毫的幸福感吗？好日子，呵……什么是好日子……"丈夫呢喃着走出门。

女人转身走到卧室，床上躺着一束鲜红的玫瑰，旁边放着一个礼品盒，打开看到的是一条金项链，价值6000元。女人脑海中顿时想起了一个多月前，自己在柜台前看了又看却舍不得买这条项链——怪不得丈夫最近这一个多月一直加班加点、早出晚归……顿时，女人泪流满面。

当女人把所有精力用于追逐名利与物质时，精神世界就会逐渐被"掏空"，就再没有能力去感知幸福。这时，虚荣、要"面子"成了生活的基调，所做的一切也不过是为了拥有奢华之物，以凸显自己的高贵。一旦得不到，心里的天平就会失衡，产生不满、失落的情绪，总觉得是物质的匮乏阻碍了自己的幸福。殊不知，这一切皆因内心对身外之物的"执迷"所致。

悦儿生在一座小镇，在家乡读书时，她是一个佼佼者，无论样貌还是才学都数一数二。家里的条件虽算不上很富裕，但在当地至少也算是中上等了。高考之后，这个小镇姑娘背上行囊，走进了上海的一所知名高校。原本自信的她，从那个秋天开始，渐渐被一种自卑而烦躁的情绪包围了。

宿舍的室友人都不错，可悦儿总觉得和她们在一起有压力。这种压力，来自室友的家境。室友们谈论的话题多数是名牌衣服、西餐厅、大剧院等。室友们用的电子产品，也是一线最昂贵的品牌。这些悦儿根本没听说过。她唯一的骄傲，就是读书的成绩，可在不拘一格、丰富多彩的大学校园里，成绩似乎并不那么引人注目了。最尴尬的是每次和室友们的聚餐。不参与的话，感觉自己太不合群；参与的话，花销却很大。

那段日子，悦儿心里很矛盾，甚至有点怨恨自己的出身——如果我也生在大城市，如果我的家里也很有钱，如果……她越想越焦躁，越想越沮丧，没心思做任何事。

春节回家，悦儿也是闷闷不乐的。这半年，学业上没长进，心里的"杂草"倒是长了不少。心里的烦恼，她没有办法向外人倾诉，整整一个寒假，她都待在家里看书。奇怪的是，独处时她的心宁静了许多，没有丝毫不满，也没有一点神伤。她突然觉得，没有奢华的物质、高档的衣装、昂贵的化妆品，生活一样可以很享受。此刻的自己，沉浸在书的世界里，内心一样充盈、富足。

想开了，心中的天秤也就不再倾斜了。剩下的大学时光，悦儿和室友的关系依然亲密，只是不再希冀和别人一样。到毕业时，她已经连续三年拿到奖学金，并在某杂志上刊登了十几篇文章，毕业后顺利成了那家杂志社的编辑。

时隔10年，悦儿已经成了情感专栏的主编兼撰稿人，成了很多年轻女孩素未谋面的知己。在某一期的专题里，她特别策划了"高贵"的主题。她引用了洛克菲勒给儿女的一段话："我相信没有不渴望过上快乐、高贵生活的人，但真正懂得高贵、快乐的生活从何而来的人却不多。在我看来，高贵、快乐的生活，不是来自高贵的血统，也不是来自高贵的生活方式，而是来自高贵的品格。"

现在的悦儿，绝不会再因为别人的奢华而埋没自己的闪光点。她也一直在传递着幸福的信号，让所有女人知道：没有财富，没有奢华的物质，女人一样可以拥有一颗高贵的心，一样可以享受简单朴素的快乐，一样可以活出自己的精彩。

世上没有绝对的公平，许多事情都无法选择。没有人能得到所有美好绚烂的东西，也不是每个人生来都能过上丰裕的日子，与名利"结缘"。但这并不意味着人没有美丽的资本，没有幸福的权利。当女人的心灵被物质所左右，才是真的可怕，她会在无止境地追求中迷失许多宝贵的东西，被痛苦纠缠。

绚丽的外表是一种荣宠，高贵的内心才是永恒的魅力。再奢侈的物质，都无法弥补精神世界的空虚所带来的遗憾。旅居法国20年的吉村叶子曾写过一本书，名叫《法国女人不花钱也优雅》。

她指出，法国女人未必都很漂亮，但都散发着恬淡与大气。她们的优雅，不是光靠外表打造出来的，更多的是源自她们的生活方式，以及骨子里散发出的天生的优越感、高贵的气质和格调。优雅，不寄生于物质之中，而是存在于女人的内心。

所以，别再为了得不到的物质而妄自菲薄、怨气横生，一颗高贵的心，胜过任何的奢华之物。优雅是由内而外的，学会丰富内心，消除自卑与焦躁，就算没有精美的"包装"，没有奢华的衬托，你也仍是一颗闪亮的宝石。

简单是生活的一种美好

简单是生活的一种美好。

生活是复杂的，然而我们能选择简单的生活方式。过于在意生活中的繁杂，那么生活就变得繁杂；万事看得简单一些，自然就能找到一种简单的生活方式。将万事看得淡一些，不要为自己的生活添加太多华而不实的点缀，那些只能成为生活的负累。

生活也好，感情也罢，看得简单，便会简单，如果时常担心忧虑，那么就很难感受到幸福的所在。万事看开一点，自然就简单一点，爱也好，生活也好，都会变得很简单。

很多人总是弄不清楚什么才算幸福，总觉得自己离幸福还有距离，所以想尽办法去追求看不见的"幸福"，结果，这除了让生活变得极其复杂外，没有任何改善。其实，幸福就在我们身边，只要少一些物欲，学会让内心满足，让自己的生活变得简单一些，我们就能把握住幸福。

35岁的她是一家公司的客户主管，经常奔波于各大城市。

那是一个周五，她上午抵达昆明，中午约见客户，下午五点的回程机票。本想早点回去能陪陪女儿，谁料飞机晚点，她只得在候机室等待。着急、愤怒、烦躁，一股脑全涌了上来，她起身又坐下，来来回回地走动。

旁边座位上的一位老者见她如此焦虑，便说："坐下来等吧，着急也没用。不如欣赏一下这新建的机场，再多呼吸一点春城的空气。"她笑了笑，开始坐下来跟老者聊天。

老者问她是不是出差，她点头。老者说："看你这么瘦，别太累了，身体重要。"

她带着些许无奈地说道："不努力怎么行呢？房子那么贵，生活成本那么高。"

老者笑着说："房子贵可以买小一点，生活成本高，但很多东西都是我们不需要的。我跟老伴住在天津，房子只有40平方米，我觉得足够了，再大反倒显得空荡荡的。儿子从南开毕业后到英国读书了，前几年刚回国，工作也不错，他买的房子也不过80平方米，一家三口住，两室两厅够大了。不要要求太高，这些要求给你带不来快乐，只能让你身上的担子更重。"

她听着老者讲的那些事，偶尔也会反驳两句，说说自己的处境和看法。也许是年龄和阅历的缘故，老者显得很随和、很宽容，他说："等你年纪再大一点，也许就明白什么是真正的生活，什么是人生中最重要的东西了。"她理解老人的话，只是不完全认同。毕竟他们是两代人，生长在不同的环境下。

聊着聊着，时间就过去了一个多小时。老者乘坐的航班已经准备登机。临别时，老者的脸上带着慈祥而温暖的微笑，看着她说道："等你到60岁的时候，再想想我今天说的话有没有道理吧！"

望着老者远去的背影，她心里一阵感慨。回顾自己辛苦打拼的这十几年，一路跌跌撞撞，实属不易，可换来了多少快乐呢？除了一个经常闹毛病的身体，一个点火就着的坏脾气，还有什么？赚两千块钱的时候，还有睡懒觉的工夫，还能跟朋友小聚玩闹；现在拿两万块工资了，却累得每天失眠，像一只烦躁的狮子。曾经为了工作，还单纯地想过可以不要孩子，而现在想起孩子的笑脸，却感觉什么都比不上。

想到这些的时候，她突然有点理解老人的话了。也许体会没有老者那么深刻，但至少她认识到了，生活是一种选择。但无论哪一种选择，都无法改变一个事实：那些拼命追寻的东西，未必都是真正需要的，就像世人常说的："家财万贯，一日不过三餐；广厦万间，夜眠不过三尺。"财富永远只是"身外之物"，多了反而会拖累和妨碍个人的自由。

快乐有时候真的很简单，一箪食、一瓢饮足矣，没有必要用富贵来装饰和渲染。有钱人过着有钱人的生活，体味着有钱人的幸福，但是贫穷者可以过着贫穷人的生活，体验着贫穷人的幸福。没有人的幸福会被剥夺，只要你心里觉得舒服，只要你心里感到满足，这就足够了。物质生活的装饰有时候会显得虚伪和多余，而平凡生活中的快乐和幸福反而往往更为真切纯粹，更能够打动人心。

一个阳光明媚的上午，爱因斯坦刚要走出办公室，助手过来告诉他说："有人想请你周末去做一次演讲，报酬是一万元。"

爱因斯坦没有丝毫犹豫，一口回绝："我周末有安排，没时间。"

"难道您不能少给苏菲补一次课吗？"助手知道他每个周末都去给读初中的小女孩苏菲辅导数学。

"不能，我还想着她的糖果呢。"爱因斯坦笑眯眯地说道。

"她的糖果就那么甜吗？"助手不明白他对那个偶然认识的、并不知道他名字的小女孩为何那样用心，宁可推却许多为自己赢得更大声誉、赚得丰厚报酬的讲座、报告或社会兼职，也要风雨不误地去给她辅导数学。要知道，苏菲付给他这位"数学特棒的老头"的报酬，就是将她的糖果分一半给他。

这一天，看到爱因斯坦又满面春风地从苏菲那里回来，助手忍不住好奇地问他为什么那样高兴。

爱因斯坦自豪地告诉助手："今天，苏菲的老师夸奖了她，说她数学有了不小的进步，说她找了一个优秀的家庭教师。小姑娘也特别高兴，特别奖励了我一把糖果，这让我感到特别愉快。"

后来，在爱因斯坦的日记中，人们又看到了他对这件小事的重视——他说苏菲那天送给他的那把糖果，只是拿在手里看着，心里也有一股特别的甜味儿。它带给了他无比的快乐，这是他十分珍贵的财富。

在这位闻名遐迩的科学家眼里，小女孩灿烂的笑容和一把普通的糖果，就是滋润生命的最好的甘泉。

由此可见，简单不是对人生的退缩，也不是清心寡欲，而是清醒中的深刻，是明智中的理性，是一种至纯至美的人生境界。正如一位哲人所言："生命如果以一种简单的方式来经历，连上

淡雅　心静如水，人淡如菊

帝都会嫉妒。"

简单一点才能"减担"，不用挖空心思去依附权势，不必去贪图名利富贵，用不着留意别人看你的眼神，不要去计较那些不必要的复杂，想哭就哭，想笑就笑，简简单单地生活，你势必能够收获一颗若莲素心。

放低要求，"够得着"的幸福才安稳

繁华浮躁的世界里，本就少了一份宁静致远的优雅。女人要活出淡然，活出优雅，就须时刻保持一颗平常心。适当的时候，放低要求，在努力追求更好的生活时，学会知足和感恩。

心理学家契可尼通过试验得出过一个结论：人一般对已完成的、已有结果的事情极易忘怀，而对中断了的、未完成的、未达目标的事情却总是记忆犹新。这种现象就叫"契可尼效应"。人们因为没有真实体会到那种得到的感受，就容易把没有得到的东西完美化，无限地扩大事物的美好。因为没有得到，想象的空间是无限的，可以预计无数种可能，所以它才显得那么美好。

如果此刻的你，还沉浸在忧郁和苦闷中，那你就真的有必要暂时从望尘莫及的事物中走出来了，看看你周围爱你的家人、朋友，数数自己生活中已经拥有的东西，想想自己此刻还能做点什么力所能及的事，也许你的心胸会变得宽阔一些。不要高估那些自己够不着的东西的价值，也不要因为得不到而生气。有时，吃不到的葡萄，可能真是酸的，握在你手里的才是真正的宝贝。

林晓月是个出色的女人。她最初只是公司里的打字员，靠着自己的努力，现在已是广告部的独立设计师。摸爬滚打这么多年，有了今天的成绩，她并没有觉得这值得骄傲。一直以来，她都有个不为人知的心愿，就是想去国外读书。可家里的条件不允许，父亲过世早，她现在还担负着照顾母亲和妹妹的担子。更何况，她现在也有了自己的家，就算有机会出去，很多事也未必都能放心得下。

如果说自己未曾得到的只是存留于心中的憧憬，那么日子倒也相安无事。怕就怕，自己想得到而得不到，却眼睁睁地看着别人如愿以偿了。

林晓月的助理翘翘，在一个周五递交了辞职报告。她来公司只有两个月，人很机灵，学东西也快。林晓月实在没想到，她竟然这么早就要离开。临走前，林晓月请翘翘吃了一顿饭。吃饭时，林晓月问翘翘接下来有什么打算。翘翘告诉林晓月，辞职后要去上法语课，准备一年的考试，想去法国留学，正好那边也有亲戚，能照顾一下。

看着眼前这个"90后"女孩，林晓月送出祝福的同时，心里像打翻了五味瓶。多么美好的年纪，多么美好的机遇！她一直藏在心里、可望而不可即的梦想，别人谈起来却是这般轻描淡写。接下来的几天，她的心跌倒了谷底，人也变得烦躁起来，工作上力不从心，回到家里也总是闷声不语，一副满腹心事的样子。

那天，林晓月坐在客厅里发呆，玩得好好的女儿突然哭闹了起来。原来，女儿想拿窗台上的玩具，可是够不着，一连试了几次都不行，气得直跺脚。林晓月把玩具从窗台上拿了下来，放在橱柜的桌子上，女儿踮起脚尖就拿到了。刚刚还在哭闹生气的孩子，顿时就喜笑颜开了。

林晓月看着女儿，若有所思。孩子的幸福是多么简单啊，只要手里有个玩具，她就满足了。她不过是拥有一个玩具而已。林晓月想，把握自己拥有的，而不去奢望不属于自己的，会更容易幸福吧。然而，在成人的世界里，很少有人懂得满足于现在的拥有。

林晓月苦笑，笑自己的愚蠢和执迷。她站起身，开始一点点地收拾凌乱的房间，准备晚饭。几天来的闷气和不平衡，随着歌声与忙碌烟消云散。她知道，唯有"够得着"的美好，才是稳稳的幸福。

生命如舟，载不动太多的物欲和虚荣，要想使之在抵达彼岸前不至于中途搁浅，就必须轻载，只取所需的东西。这也是断、舍、离的真谛。面对生活中的种种诱惑和考验，人们难免"欲火中烧"，总想得到。人一旦被贪欲、物欲、色欲所羁绊，就一定不能轻松前行，更不可能宁静致远。人只有将不必要的欲望统统抛弃，才能真正地主宰自己的人生，否则就只会成为欲望的"俘虏"。

从前，有个地主非常有钱，为人却很吝啬。他最高兴的事情就是发财，但是如果让他对需要帮助的人进行施舍，他都会非常不高兴，当地人都叫他"吝啬鬼"。这个"吝啬鬼"总是发愁明天赚不到钱，或者担忧子孙将来守不住他的财产，这些忧愁扰得他吃不下饭、睡不着觉。

一天，这里来了一位得道高僧，说是能满足每个人的任何愿望，没过几天，这个激动人心的消息便传遍了大街小巷。大家纷纷从四面八方赶来求助。地主听到了这个消息，高兴得乐开了花，跪着向天大喊："上天啊，你待我不薄，我人生中最重大的愿望就要实现了！"周围的人看到后，以为他疯了。而他全然不理会这些，乐颠颠地跑去找高僧。

见到高僧，地主激动地拉着高僧的手说："大师，我终于把您等来了，您就是上天赐给我的礼物啊！"高僧见这场面，疑惑极了。地主继续说："大师，我是本地的一个地主，但是最近有一件事特别困扰我，我想向你寻求一个方法，怎样才能让我的子子孙孙跟我一样有钱？"

高僧听后笑了："你这个愿望一点都不难实现。"高僧一字一顿地说："不过……"一听到这儿，地主心里紧张了一下，连忙问："只要大师给我指点个方法，我会不惜一切代价做到。"高僧笑了笑，说："其实对你来说，这也不是难事。"接着，就在他耳边低语了一番。

"什么？要我施舍财物？"地主差点跳了起来。要他散财，这就仿佛是要割他的血肉一般。他面露难色，对高僧说："大师，这个……那个……其实我也不太富足的……"高僧心领神会地笑了，说："既然如此，你就做一点小事吧，在你家旁边住着一对穷苦的母女。早年的时候，她们家的男人在战争中牺牲了，现在两个人相依为命，你明天去给她们送点粮食吧。"抠门的地主一听要送粮食，还是觉得很不舍，不过想到这已经比为百姓施舍财物好了很多，于是爽快地答应了。

第二天一大早，地主便带着粮食去找那对穷苦的母女。当走到门口的时候，他听见那母女俩正在院子里边唱小曲边干活，谁都没有注意到他的到来。于是，地主高傲地说："听说你们过得很艰辛啊，我代表我们全家前来慰问慰问，你看，我还带来这么多大米，你们今天的饭就不用愁了。"说着，还晃了晃手中的半袋大米。

母亲放下手中的活，看了看财大气粗的地主，说："心地善良的地主大人，我们万分感谢您的施舍，不过我们今天已经有粮食吃了，您拿去分给更加需要的人吧。"

地主听到好心送来的粮食却被这对贫穷的母女拒绝了，感到非常诧异，只好接着说："过了今天还有明天，你们可以留着明天再吃。"

"明天的事情今天担心干什么？俗话说，天无绝人之路。上天是不会让我们饿死的。"说完，那位母亲不理会他，又继续埋头干活了。

听了这话，地主先是惊愕，接着若有所悟。他再次来到高僧那里，非常恭敬地行了个礼，说："谢谢您，我感谢您满足了我最大的愿望，是您给了我幸福的钥匙。说真的，不知足的人在这个世界上是永远找不到幸福的。"

上例中的这个地主一直在寻找幸福，他以为幸福的"钥匙"在高僧手中，却没想到这把"钥匙"竟在穷邻居那里。从中我们可以悟到幸福的真谛——珍惜现在所拥有的，不去奢求那些遥不可及的或者根本不属于你的。

名利如玩具，要学会淡泊

萨克雷的《名利场》中的女主人公丽蓓卡·夏普，一生都在不断追求着名利，可到最后才发现，一切全部白费。作者在结尾处，以伤感而无奈的语气感叹："唉，浮名虚利，一切虚空，我们这些人谁又是真正快活地活着的？谁又是称心如意地活着的？就算当时遂了自己的心愿，以后还不是照样不知足？"

适度地追求名利无可厚非，但若为名利而斗气，丧失了理智，甚至把幸福建立在别人对自己的评判上，那就大错特错了。有人说，女人真正的幸福，是从内心感受平静喜乐的福气，而非众所周知刹那光辉的表面虚荣。名利、地位、财富都可以给人带来快乐，但并不保证让人安心和满足。

人生苦短，除了名利之外，还有许多更值得追求的东西。

一位成功的女企业家在接受访问时，身着素雅清淡的布衫，搭着编织的披肩，身上没有佩戴任何奢华的首饰。她温婉平和，没有一点傲慢，说话缓而慢，简单却富有哲理。对于现在的成功，和此刻拥有的荣耀，她似乎并不是那么在意。她说得最多的是人生苦短，不要为了名利而斗气。

访问播出后，许多人都被这位优雅的女企业家感染了。她那份超然物外的心境，以及不温不火的性情，让人不由得生出一种欣赏与敬畏。当然，这个世上没有随随便便成功的人，也没有与生俱来的优雅气质。她的人生故事，给众多女性朋友上了生命中的重要一课。

从十几岁开始，她就开始给别人帮工，每天晚睡早起，忙忙碌碌，似乎从来没有休息过，也没有参加过任何娱乐活动。年少懵懂的她，那时就渴望将来能有一家属于自己的店铺。

七年之后，她终于开了一个小铺子，生意挺红火。当时，她提醒自己，自己做生意不能放松，所以依然是起早贪黑，匆匆忙忙，休息的时间更少了。她想着，等将来生意做大了，有了更多的雇员，自己就不会这么累了。

过了几年，她的生意如愿地做大了，发展到了四五个门市，每天的资金流动有几百万元，她更是不敢放手给别人去做了。联系货源、接待客户、管理账目……她没日没夜地忙碌着。她的性情也变得比从前浮躁，不管是自己还是员工，工作上稍有点差错，她都会大发脾气，要么是怪自己粗心大意，要么是责怪员工缺少责任心。

看她这么辛苦，丈夫劝她："你放一放行吗？好好地休息几天，看看天会不会塌下来！"

她一听这话，气又来了："不行！现在竞争这么激烈，你没看见吗？我不做的话，就会有别人做，前面的那些大户们我追不上，后面的小户又逼上来，我放下了，就得等着被淘汰。辛苦这么多年，好不容易熬到了现在，我怎么能撒手不管呢？"

她觉得自己不会有事，可身体不会撒谎，也不会纵容她。终于有一天，她晕倒在店铺里，被迫躺在了医院的病床上。刚醒来的时候，她还是满心焦急，惦记着自己的店铺，一听助理说货物发出了还没拿到定金，她在电话里大发雷霆，惹得护士都过来提醒她，这里是医院，她现在是病人，情绪不能太激动。

医生要求她静养两周，刚躺了三天她却嚷嚷着要出院。就在她吵闹的时候，临床的家属却哭着来收拾东西。她这才知道，上午还跟自己有说有笑的那个女人，就在刚刚，永远地与世隔绝了。那女人还很年轻，还在说等病好之后要去旅行……这人，怎么说没就没了呢？

看着对面空空的病床，她的心不由得一震，顿时彻悟了：原来，生与死不过一步之遥，可这一步，自己走得太沉重了。一直以来，自己的名利心太重，想要的太多，可对生命本身而言，得到的却很少。如果不是这次病倒，如果不是亲眼看见了生死一线间，自己可能会一直拼到50岁、60岁，甚至更久。在这几十年里，除了忙碌，除了发脾气，除了盘货算钱，自己没有娱乐和休息，最后两手空空地离开，连回忆都是空白。多么可悲！

康复后，她像是"脱胎换骨"了。生意依然做着，事情依然那么多，只是她不再那么拼命，不再去追赶前面的"大户"，也不再害怕后面的"小户"追上来，就算错过一笔有赚头的大生意也不再乱发脾气，倒是瑜伽馆和高尔夫球场上，多了一个曼妙的身影。有空的时候，她也会放下生意，和家人一起到外面看看这个世界……

人生一世，短短几十年，总有一天生命会走到尽头，还有什么看不开的呢？懂得放弃的人往往比追求名利的人得到得更多，也更放松些、更快乐些。人生的道路很宽，民有民的乐，官有官的忧；穷有穷的喜，富有富的悲。这些皆随个人与环境的不同而变化，没有必要处心积虑地去追求不属于自己的东西。

玛丽·居里出生在波兰华沙。1891年进入巴黎大学学习，

1893年和1894年分别取得物理学硕士和数学硕士学位。1895年，玛丽·居里与皮埃尔·居里结婚，开始了对放射性元素的研究。1898年7月，他们发现了一种新元素，将其命名为钋。同年12月26日，他们又发现了一种比铀的放射性要强百万倍的新元素镭。但是当时还没有实物来证明镭的存在，科学界对他们的发现表示怀疑，也没有机构同意为他们提供实验室做研究。

居里夫妇只好在一个简陋的大棚子里做实验，经过了4年的艰辛提炼后，他们终于从8吨沥青铀矿渣中提取了0.1克纯镭，价值超过1亿法郎。这不仅赢得了科学界人士的普遍认可，他们也因此成为核物理学的奠基人。居里夫妇因此共同获得了1903年诺贝尔物理学奖。

1907年，居里夫人提炼出了氯化镭。1910年，她测出了氯化镭的各种特性，并以《论放射性》一书成为放射化学的奠基人。"由于对科学的执着与贡献"，居里夫人于1911年获得诺贝尔化学奖。

在科学领域享有盛名的居里夫人，生活却极为简朴。曾有一位记者要采访她，当来到一所简陋的房子前，记者看到一个衣着简朴的妇人赤脚坐在台阶上洗衣服，过去询问居里夫人的住处，当那妇人抬起头时，记者大吃一惊，原来她就是居里夫人。

当初发现了镭之后，居里夫妇讨论如何处理那些请求他们告诉提炼镭的方法和信件，整场交谈在五分钟之内就结束了。居里先生说："我们必须在两个途径中选择一个，一是无偿公开镭的提炼方法……"居里夫人说："这样很好，我赞同。"居里先生说："二是将提炼方法申请专利，以后任何人想提炼镭都要经过我们的同意，并且我们的孩子可以继承这一专利。"居里夫人不假思索地说："这违背了科学精神，我们还是选第一个吧。"于是，他们向世界公开了镭的提炼方法和其他相关资料。

有一位女性朋友去居里夫人家里拜访她，发现她的小女儿正拿着英国皇家科学院颁发的金质奖章在玩。朋友大吃一惊，问道："你怎么能把这么宝贵的东西给孩子玩呢？"居里夫人回答："我想让孩子从小就懂得，荣誉就像玩具，只能玩玩而已，绝不能永远守着它，否则就将一事无成。"

居里夫人以高尚的情操和献身科学的精神教育孩子，她的女儿瑞娜后来也成为一名科学家，并像母亲一样获得了诺贝尔奖。

"一个人不应该与被财富毁了的人结交往来。"这是居里夫人的名言，她也正是这样做的，不让自己被名誉和财富毁掉。当初那价值超过1亿法郎的0.1克纯镭，对于生活极其简陋的居里夫人并没有造成任何影响，她坦然地将0.1克镭无偿赠给了实验室，这份视名利如浮云的豁达实在令人赞叹。

做人要有几分淡泊，名和利都是羁绊，我们若太执着，哪能解脱呢？

当然，平常心并不是寻常人天生具有的，它是经历磨难、挫折后的一种心灵上的感悟，一种精神上的升华。人只有做到了宠辱不惊、去留无意，方能心态平和、恬然自得，亦能达观进取、笑看人生。

即使世界浮躁，你也要心灵宁静

人生如戏，人要想在这场戏中拔得头筹，就须邂逅淡定的自己，清空心灵的行囊，做到不生气、不浮躁。

浮躁通常会使人轻浮、急躁、不沉稳、不冷静、不踏实，对待生活和事业缺乏执着的精神和持久的耐力，从而使优秀的人变得平庸，使聪明的人变得愚蠢，使胜利者跌入失败的深渊。

浮躁的心态只会带给你一无所有的人生，而好高骛远的人总是想得很多，做得很少。唯有踏实勤奋地付出，才能带给你实实在在的回报。

在一个木匠铺里有两个伙计：一个名叫张三，一个名叫王五。这两个伙计是一起在铺子里长大的，但是性格却千差万别。张三是一个非常老实、踏实的孩子，虽然不是很聪明，却懂得笨鸟先飞的道理。他在学习手艺的时候非常努力，也很虚心，师傅非常喜欢他。而王五是一个头脑很灵活的孩子，学东西很快，一点就通，但是做事浮躁、没有耐心。这几年虽然学到了不少手艺，却不精通。

一天，木匠铺里来了一个穿着阔气的中年人，他走到木匠师傅的身边说："木匠师傅，听说您是咱们镇里手艺最巧的一个木匠，我想请您帮个忙。"

木匠师傅抬头望了望他，说："除了木匠活，别的我不会。"

"是这样的，我的太太有一个首饰盒，这个首饰盒是从国外买回来的，我太太非常喜欢。但是前两天，孩子在玩的时候把首饰盒碰到地上给摔坏了，我太太十分伤心，我给她买了好几个首饰盒她都不满意。我想请您按照那个首饰盒的样子帮我打造一个一模一样的，钱好说，只要您做好了，我可以加倍付给您工钱。"

师傅想了想说："你把首饰盒放这儿吧，做好了我会通知你过来取的。"

中年人走后，师傅对张三说："这次这个活就由你来做，如果你做好了，那么人家给的工钱就全都给你。这可是一个好机会。"

张三听后非常高兴地说："师傅，您放心，我一定尽力，有不懂的地方我就问您。"

王五听到师傅的话心里很不舒服，这么好的机会怎么不给自己？师傅真是偏心！师傅看出了王五的心思，对他说："做首饰盒是一个巧活，需要有耐心，你的性子太浮躁，不适合，你还是专心做你手上的东西吧。早晚有你发挥的时候。"

就在张三细心研究那个首饰盒的时候，王五心想："如果我也能做出那个首饰盒，而且比张三做得还好，那么钱就应该都给我，师傅也不好说什么。"于是到了晚上大家都在睡觉的时候，王五开始研究那个首饰盒。由于晚上熬夜，白天总是犯困，他常常受到师傅的训斥。这样一来，王五就更加不服气了，甚至开始把怒气转移到张三的身上。

半个月后，张三把首饰盒做好了，中年人看后非常满意，给了张三一大笔钱。张三利用这笔钱扩大了师傅的木匠铺。而王五却在头一天晚上因为睡眠不足在做首饰盒的时候不小心砸到了自己的胳膊，住进了医院。

心理学家认为，人的浮躁心理大多是因为攀比造成的。内心浮躁的人往往不懂得如何调节工作和生活中的压力，急功近利，焦虑不安，脾气暴躁。他们对于自己的人生没有一个确定的目标，而喜欢把别人的成就当成自己的目标，随着内心的压力一天比一天大，就容易滋生抑郁和失望的情绪，继而对人生感到迷茫，对未来感到无力。

20多年前，她大学毕业，被分到离县城一百多里的小学任教。那时候生活艰苦，没有菜市场，没有超市，也没有杂货店。一周的饭菜都要从自己家里带去，吃的东西也只有馒头和咸菜。村里没有电脑，没有手机，也没有电视。一天只有一趟车进出，路面坑坑洼洼。唯一的乐趣，就是把自己带去的那几本名著翻来翻去，最后书翻得都不像样子了。

她说，那时候特别羡慕别人进城。

终于，她也"熬出了头"，被调到了城里的学校。再看那些依然在乡下的同事和朋友，她心里不免滋生了一些优越感。后来，日子越来越好，周围的高楼大厦拔地而起，整个世界都在变化。宽阔的柏油马路和来来往往的车辆，将城市装饰得无比华丽，像梦境一般美好，而夜晚的灯红酒绿，又让人多了几分迷茫。

此时，为人所羡慕的已经不是他们这些端着"铁饭碗"的人了，而是那些"下海"经商赚了大钱的人。她认识的朋友中，有人南下经商，赚得盆满钵满。再看自己拿着的那点固定工资，她的心里不免有些失衡。

这些年来，她的心一直没有平静过。不管是在乡下任教过着苦日子时，还是调回城里分了房子、涨了工资后，她始终觉得自己的脚步慢了别人一拍。无奈的是，她把这一切归咎于外界的环境，从未反思过是自己的急于求成、攀比之心、欲望贪念加剧了自己的不安和失落。

人越是身处浮躁之中，越要保持内心的宁静。当你的内心慢慢地趋于平静的时候，你就会知道自己真正想要的是什么，也会知道自己下一步究竟该怎么走。很多时候，人越是迫切地想要得到什么，反而会离目标越远。如果你能够踏实一点，一步一个脚印地朝前走，就会发现其实成功就在离你不远的地方。

漫漫人生路，女人要学会静心，不被浮躁迷惑双眼和心智，努力使自己的内心平和而不动荡，宁静而不浮夸，专注而不躁动，博学而不粗鄙。有人曾说："我们要用平平常常的心态、高高兴兴的情绪，快节奏、高效率地多做平平凡凡、实实在在的事情。学会把平凡的、实在的事情做得有滋有味、有声有色、如诗如画、如舞如歌。"

暮色苍茫看劲松，乱云飞渡仍从容。人要想不被浮躁俘虏，就要让自己学会从容。只有从容才能造就恬淡的人生，才能有坐怀不乱的稳健，才能有关键时刻巨大能量迸发的气势。

知足者常乐，不知足者常忧

不少人无生计之忧与养家糊口之虑，但仍然在喊"活得累"，他们的"累"除了生活节奏的加快、人际关系的复杂外，主要是欲望之累。财富、地位等并不能给我们带来幸福，幸福之门能否打开，要看我们是否拿对了"钥匙"。

有一个小男孩，喜欢动物、跑车与音乐，会爬树、游泳、踢球，还有很多的梦想。突然有一天，他对上帝说："我想了很久，我终于知道自己今后想要什么样的生活了。"

上帝问："你想要什么？"

他回答："我要在城里有一栋大房子，娶一个高挑、美丽的女子为妻。她长着黑黑的长发，性情温和，有一双蓝色的眼睛，唱起歌来很能打动人；我要有三个健康的孩子，我们可以一起游泳、踢球。他们长大后，一个当科学家，一个做医生，一个做律师；我要成为一个冒险家，并在途中救助他人；我要有一辆红色的法拉利汽车，而且永远不需要搭送别人。"

上帝笑了笑，说："你的这些梦想真美妙，希望你长大后都能实现。"

几年后的一天，一次车祸，使他失去了一条腿。从此，他再也不能爬树、登山、航海了。后来，他学了商业经营管理，专门经营医疗设备。再后来他娶了一位美丽的女孩，有黑黑的长发，个子不高，眼睛是黑色的，不会唱歌，却做得一手好菜，画得一手好画。

后来，他在城里买了房子，不大却够全家人生活。他没有儿子，却有三个美丽的女儿，她们都非常爱自己的父亲。有时，他们会一起在公园里嬉戏玩耍。他没有红色法拉利，而且还要经常去取一些并不是他的货物。

一天早上醒来，他突然想起了许多年前梦想的生活。于是，他很难过地对周围的人不停诉说、抱怨他的梦想没能实现。他认为这一切都是上帝同他开的玩笑，妻子和朋友们的劝说他一句也听不进去。最后，他因为过度悲伤而住进了医院。

到了晚上，他又跟上帝提起他的梦想："你还记得在我还是个小男孩时，对你讲述的那些梦想吗？"

上帝回答："记得，那都是一些美妙的梦想。"

"那你为什么不让我实现呢？"他伤心地问道。

上帝回答："我只是想让你惊喜一下，给了你一些没有想到的东西。一个好妻子、一份好工作、一处舒适的住所，这是多么美好的组合。还有三个可爱的女儿……"

"是的。"男人打断了上帝的话，接着说，"但是我以为你会把我真正想要得到的东西给我。"

上帝回答："我也以为你会把我想要的东西给我。"

男人没想过上帝也会有想要的东西，于是轻声问："你希望得到什么？"

"我希望你能因为我给你的东西而感到快乐。"上帝温柔地答道。

他在黑暗中想了一夜，他想到了一个新的梦想。他的新梦想就是有一份好的工作、住在能看到大海的公寓中、妻子会做菜和画画、有三个可爱的女儿。而这些，就是他现在所拥有的。

从此之后，他过得非常快乐。他明白了，快乐从未离开过他，只是以前的自己总是不满足，才没发现手中所拥有的快乐。

生活对于我们每个人来说都是公平的，我们所承受的痛苦与他人并无太大差别。当你觉得自己被实实在在的生活压得喘不过气来，甚至头晕眼花时，何不卸下生命中那些不能承受之重，还自己一个轻松的人生呢？

从前有一位国王，拥有财富和至高无上的权力。按理说，他应该满足，应该过得快乐，但事实是他内心过得并不快乐。国王自己也十分纳闷，为什么自己对自己的生活还不满意，为什么不能快乐起来呢？

有一天，国王很早就起床了，随意在王宫四处转悠。他无意间走到御膳房，听到里面一个厨子在快乐地哼着小曲，那厨子的脸上洋溢着幸福的表情。

国王甚是奇怪，问那个厨子为何如此快乐。厨子答道："我家里有一间草屋，肚子里不缺暖食，家里有贤惠的妻子和可爱的儿子，这样美满的生活，你说我能不快乐吗？"

听到这里，国王明白了。随后，国王就与朝中的宰相讨论这个厨子的快乐，宰相说："陛下，我认为这个厨子还没有成为'99一族'。"

国王疑惑地问道："何谓'99一族'呢？"

宰相答道："您只要做这样一件事情就可以确切地明白什么是'99一族'了。准备一个包袱，在里面放进去99枚金币，然后把这个包袱放在那个厨子的家门口，您很快就可以明白一切了。"

国王按照宰相所言，命人将一个装有99枚金币的包袱放在那个快乐的厨子家门口。厨子回家的时候，就发现了门前的包袱，好奇地把包袱打开，先是惊诧，然后狂喜：金币！怎么这么多金币！厨子将包袱里的金币全部倒出来，查点了三遍，都是99枚。他开始纳闷：没理由只有这99枚啊？哪有人会只装99枚啊？那一枚掉到哪里去了呢？于是他开始到处寻找那枚金币，找遍了整个院子也没有找到，心情沮丧到了极点。

于是，他决定从明天起，加倍努力工作，争取早一天挣回那一枚金币。由于晚上找那枚金币太辛苦，他第二天早上便起来得有点晚，情绪也坏到了极点，对妻子与孩子大吼大叫，不停地责骂他们没有及时把他叫醒，影响了早日挣回那一枚金币的梦想。

从那以后，他每天匆匆忙忙地来到御膳房，也不像以前那么兴高采烈地哼小曲吹口哨了，只是埋头拼命地干活，一点儿也没有注意到国王正在悄悄地观察他。

国王看到原本快乐的厨子心情变得如此沮丧，十分不解，就问宰相："他已经得到那么多金币，应该比以前更快乐才对，可为何他反而不开心了呢？"

宰相对国王说："陛下，你现在看到的厨子就是'99一族'中的成员了。他们拥有很多，但是从来不懂得满足，他们只是拼命地工作，只为了额外地得到那个'1'，为了尽早实现那个'100'。原本快乐、轻松的生活，只因为忽然出现了能够凑足'100'的可能性，就变得不快乐了。他们竭尽全力去追求那个毫无意义的'1'，不惜付出失去快乐的代价，这就是'99一族'。"

"知足者贫穷亦乐，不知足者富贵亦忧。"所以说，快乐与富贵、贫穷无关，关键取决于我们的内心是否满足。

每个人都在追求幸福生活，每个人对幸福都有不同的理解，但有一点是相同的：幸福来自心灵的满足。万顷良田和一缕清风有时带给人的是同样的满足。普通人不必羡慕大富大贵的生活，不要让物质迷住了双眼。幸福就是每个人都尽自己的努力，把日子过得有滋有味。

纵有百般诱惑，心亦波澜不惊

大千世界，诱惑很多。人想要保持身心的纯洁，并不是一件容易的事。这需要一颗淡定的心和一个清醒的头脑，能够坦然面对世间的事物，放弃眼前的私利，认清潜在的危险，不让眼睛被物质生活所蒙蔽，不让心灵布满灰尘。

面对诱惑，我们虽然不能完全避开，可至少要懂得拒绝。面临选择的时候，我们应该明白哪些东西才是最珍贵的。若什么都不肯放弃，到头来只能一切成空。要抵得住诱惑，就要时常"修剪"内心的欲望，做一个心淡如菊的女人。

有一座寺院，因为地处偏远，无人问津，香火一直都很冷清。

索克法师在住持圆寂后，接任住持。初来乍到，他围着寺院开始巡视，发现周围的山坡上长满了灌木。因为没有人打理，那些灌木随心所欲地生长，不但杂乱，还阻塞了人们上山的那条小路。

索克法师立刻找来一把大剪刀，不时地去修剪灌木。寺里的小和尚看到他忙忙碌碌，百思不得其解。经过半年的修剪，原先杂乱的灌木焕然一新，有些被修剪得像鸟，有些像月牙。

这天，一位衣着光鲜的女人说自己烦恼重重，需要到寺院清净两天。索克法师接待了她，并安排她在客房住下。

女人问法师："怎样才能让自己远离诱惑，不被困扰？"

法师带着女人来到这片灌木丛中，递给她一把剪刀，说：

"只要你能像我经常修剪灌木这样修剪欲望和贪念，那么自然也就远离诱惑了。"

女人照做了，很快就发现，那些被修剪过的灌木变得更加好看了。法师问她："感觉如何？"

女人答："感觉身心舒展，但好像内心还是难以平静。"

法师说："无妨，过几天再来吧。"

几天后，女人又来了，她告诉法师："我还是陷在烦恼之中，不知如何应对。"

法师再次让她修剪那些灌木，并告诉她："经常修剪就好了。"她与法师约定，五天后继续来这里修剪。就这样，两个月过去了，那些灌木已经被她修剪成一朵花的形状。

法师问她："你是否远离了诱惑？"

女人面带愧色，对法师说："恕我愚钝，每次在这里修剪的时候，我都能心神安宁。可当回到我的圈子里，所有的事情又都恢复常态了。"

法师说："施主可知我为何让你修剪树木？我只是想让你看到，诱惑就像这些灌木一样，在你走后又不停地生长，那么我们要做的，就是不时地修剪欲望和贪念，把它变成风景，而不是任其自然发展。对于诱惑，若不能敬而远之，便须将自己的欲望好好修剪，这样就不会使之成为心灵枷锁。"女人听后，恍然大悟。

诱惑像一种"慢性毒药"，只是外表包上了美好的"糖衣"，才让人无法自拔。幸福的女人不是从没有遇到过诱惑，而是懂得远离诱惑。只有懂得拒绝诱惑的女人，心灵才会纯洁而高远，生命才会丰盈而美丽。

在一条老街上，住着一位老人。年轻的时候，老人绣了大量的工艺品。东西摆在门前售卖，她却从不吆喝，也从不还价，到了晚上也不收摊。每天的收入正好够她喝茶和吃饭。她老了，不再需要多余的东西，她过得很满足。

有一天，老人在门前喝茶，一个文物商看到了她身旁的那把紫砂壶。紫砂壶古朴雅致，紫黑如墨，有清代制壶名家戴振公的风格。文物商走了过去，顺手端起那把壶，看到壶嘴内有一记印章，果然是戴振公。文物商惊喜不已，想以10万元的价格买下它。当他说出这个数字时，老人先是一惊，然后拒绝了，因为这把壶是她早逝的丈夫留下的唯一的东西。

虽然老人没有把壶卖给文物商，但她心里却难以平静。那天晚上，老人平生第一次失眠了。一把普通的壶，突然间成了价值10万元的宝贝，她想不明白。过去，她总是把壶放在身边，闭着眼睛躺在摇椅上养神，可现在她却总是不时地看一眼紫砂壶。更让她感到不舒服的是，周围的人知道她有一把价值连城的茶壶之后，蜂拥而至，有人向她借钱，有人询问她还有没有其他宝物，甚至有人半夜敲她的门。

老人的生活被彻底打乱了，她不知道该如何处置这把紫砂壶。就在她感到纠结的时候，文物商带着20万元现金再次登门。老人再也坐不住了，叫来周围的人，当众摔碎了那把紫砂壶。

于是，老人又可以躺在门前的摇椅上养神，安享晚年了。

诱惑无处不在，宠辱不惊，坦然对待，是女人面对诱惑时的最好心境。女人应当明白，在这个世界上美好的东西很多，然而最重要的是要知道究竟什么才是我们要追求的。每个人活着都需要一种信念来支撑，而当人生有了信念的时候，人就能够抵制诱惑。又或者说，信念能够让人拥有坚强的意志来抵制诱惑，进而战胜诱惑。当女人真的能够战胜诱惑的时候，她所拥有的心境，她所面对的生活，就得到了一种升华。波澜不惊，淡然处世，这样的女人，具有别样的风采。

聪 明

你若盛开，蝴蝶自来

第七章

✽

学会爱，不困于情，不乱于心

✽ ✽ ✽ ✽

宁可高傲地"单"着，也不卑微地爱着

张爱玲说："遇见你我变得很低很低，一直低到尘埃里去，但我的心是欢喜的，并且在那里开出一朵花来。"

因为爱，张爱玲觉得胡兰成高贵、伟岸，觉得他是世间最好的男子，他的一切无人企及。遇到了他，她一次次地放低自己，把自己看成一朵渺小的花。他若看到了，她便心生狂喜；他若没有低头，她便永远地埋在尘埃里。

一个充满才情的女子，一个冷傲倔强的灵魂，在遇到了所爱之人时，竟没有了飞扬与高贵的脾气，生怕自己做得不好而失去他。

这一场爱情长跑中，张爱玲输了。她输掉的不仅仅是所爱之

人，还有那一颗高贵的心灵和那一副从容的姿态。爱到卑微，真的不是一件伟大的事。卑微换不来爱情，也换不来平等与尊重。爱再怎么可贵，也不足以让女人牺牲自己，放弃尊严。

苏珊最近恋爱了，与她交往的是位带着8岁孩子的离异男士。

为了讨好这位新男友，苏珊不惜担着被领导批评的风险，经常翘班去与男友约会。当然，她所谓的约会，绝对不是拉着对方的手在月光下漫步，也并非与男友一起吃烛光晚餐，而是飞快地先跑回家，煲好鲫鱼汤，用保温瓶装好，转两趟地铁再转一趟公交，给男友送到公司去。如果男友下班，她再转几趟车给送到男友家里去，顺道到家里帮男友打扫卫生、洗洗衣服、清理垃圾等。

苏珊纯粹的毫无保留的付出，似乎并没有讨得男友的欢心。原来，男友家里的孩子并不喜欢她，经常与她对抗，有时还把她做的菜汤往她的白裙子上泼。对此，男友并不同情苏珊，而是总护着自己的孩子。

交往半年，男友丝毫没有与苏珊结婚的意思。心急如焚的苏珊为了稳住男友一颗摇摆不定的心，可谓煞费苦心，她辞去工作，全心全意地为男友服务，使劲地讨好孩子，信誓旦旦地保证一定会把孩子当作自己的亲生孩子。她做到仁至义尽，最终，男友无刺可挑，勉强答应和她在一起。不过，还附带了一些约束：不许与年轻异性有来往，不许过问他的行踪，不许与孩子争吵，承担全部的家务。

就连家里的保姆都没有这么苛刻的待遇。朋友都劝她说："不是痴情就能赢得爱情，反而会让人失去自尊！"

苏珊则昂首挺胸地回答："制定这种条款，完全是出于他爱我。我既然爱他，就该不计一切条件，为他付出全部。这样，他就会死心塌地地留在我身边了！"

半年之后，同事在超市遇到了苏珊，见她穿着家居服正与人剽悍地杀价，面容憔悴。同事唏嘘，爱情真是残酷，把一个青春靓丽的女孩活脱脱变成了一个"大妈"！

一年后，苏珊打电话向朋友求救，原来她被男友从家里赶出来了，想借朋友的房子过渡一段时间。她的一味妥协和付出不仅没换来男友的爱，男友反而决定与前妻复婚。

很多朋友听到苏珊的经历，都为她叫屈："那么纯洁的一个女孩子，怎么遇到那样的男人！"而一位朋友则说了一句极富哲理的话："你的样子，决定了爱情的样子。一切都是自找的，和遇到什么样的男人毫无关系！"

爱和幸福从来都是靠自尊赢来的，而不是靠丢掉尊严"乞讨"得来的。那些情场上的"乞讨者"，总以跪着的姿态向男人乞求爱，无论怎么付出，她也难以换来自己想要的幸福和爱情。

爱得软弱而卑微的女子，永远不可能成为幸福的女人。因为她给自己挂上了卑微的名字，在感情里是一副"讨好"的姿态。这样的姿态，只能换来对方的冷淡和漠视。你爱得越是卑微，越会加速他离开你的步伐。

30岁的她，在海外工作，单身一人。

一次旅行中，她认识了他，一个40岁的单身男人。他是某公司的区域经理，常年在海外工作。当时，她对自己的工作不是很满意，留意到他所在的公司很好，便用心与他接触。旅行中，她帮了他一个小忙，他也记住了她。之后，他们就在网上联系，又相约一起出去旅行了几次。渐渐地，两人关系熟了，她如愿地进了他的公司，并在他下辖的区域工作。

起初，她只是想利用他的关系。可接触多了，她发现他人品很好，周围的人对他评价也不错。就这样，她爱上了他。他对她也不错，知道她对自己的崇拜，工作上也很照顾她。看在他的"面子"上，领导、同事也很照顾她这个新人。她弟弟出国留学，因为钱不够，他出了一半的学费。

他也有缺点，脾气暴躁。因为工作上的一点小错，他就能把她骂哭。他不忌讳别人知道他们的关系，会当着同事的面让她帮他去办一些私事。他很少与她交流感情，唯一的交流方式就是肌肤之亲。她觉得很受伤。她已经把他当成了爱人，工作上帮不到他，可在生活上却极力在照顾他。

她从未直接表达过自己的爱，他也没有。她有点自卑，有男孩追求她的时候，她故意让他看到。可他并不是那么在意。也许，是因为追求他的女人太多了。她心里明白，也许自己根本就不是他结婚的选择。他聪明沉稳，她迷糊幼稚。他出生于"官宦"之家，她却只是"平民"之女，他不会选择这样的女人做妻子，他的家庭也不会允许。

她经常会陷入痛苦中。她想：为什么要继续维持这段感情？为什么自己还要深陷其中？他从未给过自己承诺，她怕自己的生气和嫉妒徒增他的烦恼，惹得他厌恶，最后让他们的关系结束得更快。

她把自己的故事告诉一位女作家，问女作家该怎么办。女作家只回了一段话："我爱得很安静，却从不卑微；我也会走得很干脆，但那不是绝望。作为女人，永远不要爱得卑微，只有把自己当成珍宝，男人才会如此对你。"

后来，她决绝地辞职，离开。她对他说："我爱不起不爱我的人，我的青春也爱不起。我的微笑、我的眼泪、我的青春，只想为我爱的也同样爱我的人挥霍。"

无论爱情还是婚姻，都需要平等和尊重。每个女人都该做心理上的"女王"，而不是"灰姑娘"。哪怕你再爱一个人，哪怕他真是高贵的"王子"，你也要保持理智的头脑，保持一份做女人该有的骄傲，不要过分殷勤，也不要急于讨好。爱得不卑不亢，你才能赢得男人的爱和尊敬，才能掌握爱情的主动权。

别用痴情赌明天，没有人值得你如此付出

假如你把爱情看得太重，把男人当作生命的全部，那便像是参与了一生最危险的"赌博"。

当女孩爱上男人时，如一朵蓓蕾初放，拼命绽放着自己的热情与爱。以前十指不沾阳春水的她，在认识了男人后，洗衣、做饭、煲汤，竟样样精通。

男人并不爱她，却贪恋她对他的好，舍不得放手。在女孩伤心得要离开他时，他却对女孩说："我是喜欢你的，你等我，我会慢慢爱上你的。"

女孩便傻傻地等下来。她明知道这场爱未必有好结果，却又抱了希望，因为他对她，不是疏远的。他坦然地接受着她的好，

偶尔也会回报她，陪她看电影，请她吃饭，买了小礼物送她，只是不说爱。女孩这一等，就是五年。这期间，男人从不曾间断与别的女人往来。女孩暗自宽慰自己，他那是逢场作戏，他喜欢的是她，终究会爱上她的。

可是，某天，男人突然告诉女孩，他要跟别的女人结婚了。大红请柬递过来，男人若无其事地邀请她："一定要来参加我的婚礼啊。"

女孩哭得梨花带雨。她说："五年啊，我等了他五年啊。心疼得要昏厥。"多么青春的五年，用什么可以换回？

爱情中的女孩，千万不要用你的痴情去赌明天。爱就是爱，不爱就是不爱。爱你，就跟他在一起，无论悲欢苦厄，你们一起面对和承担。不爱，就请他走开，不要让你枉自等待。爱情，本就是这么简单。

已经到晚婚的年纪了，她不得不听从家人的安排去相亲。然而与他的相识，注定是一场她逃不掉的"劫难"。

那个咖啡店，她现在还记忆犹新。一个极平凡的男人，小眼睛，个子不高，微胖。那天，他给她最深的印象便是他那双仿佛"会说话"的眼睛。也许，那时的他并没有给她留下多少好感，他们的第一次交谈是在他大谈理想中结束的。互留电话后，他们便匆匆告别离去。

她在心里暗暗思量：这样的男人应该不会走进我的生活吧。他那双能看穿她心里全部想法的眼睛让她望而却步。殊不知，他是一名销售经理，世事洞明，怎会不知如此单纯的她心里是何想法，有怎么样的情愫。

那天之后，他们并无联系。在她看来，这似乎只是一场为了应付家人的相亲罢了。直到几天后，他出现在了她公司的楼下，她才知道，他们的故事才刚刚开始。他是来道别的，他工作不在这座城市，过完年便要离开。他们有了一场恋人般的约会，而此时他们却不是恋人。他们一起吃过饭，看了场电影。

此后的几个月，他们回到了各自的生活轨道。原以为再无交集，直到那个"五一"，他再次出现。这几个月以来，他每天无论多晚都会打个电话或发个信息给她道声"晚安"。不经意间，这个男人一点点地走进了她的内心。终于在一个春天，他们像所有的恋人一样，享受着爱情带来的一切美好。

那个小长假，他们是在一个青山绿水的旅游景点度过的。她问："你爱我吗？"他答："喜欢是淡淡的爱，爱是深深的喜欢。"这场短暂的相聚，是那么甜蜜和美好。然而时光并没有因此而放慢脚步，他终究还是要回去，这场分离比前两次更让她多了一分牵挂。在他踏上火车回去的那一刻，她收到他的信息："爱你，等我。"她回："此生，有你，有我。"

当爱情真的悄然而至的时候，距离便成了最大的问题。因为相爱，所以希望对方出现在自己生命中的每一天；因为相爱，所以享受青春里有爱人的每一刻。她或许是痴情，但也是无知的。她弃了工作，不顾家人的反对，不顾朋友的劝阻，义无反顾地去找他。

那个夏天，她身着一袭素衣，带着一份思念，只身一人来到他的城市，为的只是与他相守。那是江南的一座小城，安静得可以听到花开的声音。她与他牵手，走在了她梦里常出现的青石小路上。她与他相拥，奔跑在这如诗般美丽的小城。

她在他的公司里做了文员，而他是她所在部门的经理。她答应他，为了不影响他在员工面前的威严，他们在人前装作陌路人。为这，她觉得自己受了万分委屈，深深相爱的两个人，在众人面前却要装作互不相识的陌生人。

朋友劝她不要再痴迷下去，如果他真的爱她，不会如此待她。而她却甘愿隐在他身后，独自流泪。

他是经理，她是员工，他做销售，她是文员，如此他们便无法天天在一起。于是，她放弃了安逸轻松的文员工作，申请做他手下的一名销售员。他答应了，她竟有点失落。可是自己既然做了选择，也便没有什么可后悔的。

不知道要经历多少个烈日，她才能完成一个订单。那时受尽了委屈——顾客的责骂、侮辱，她忍了；家人的不理解、朋友的不联系，她忍了。她用尽全部心思，付出所有精力，为的只是得到他的一张笑脸、一句夸奖。

时间久了，同事知道了他们的关系，纷纷送上祝福，她幸福地笑了。因为此时的她，已经有资格站在他面前了，她的业务能力得到了大家的认可，她的销售业绩在团队里名列前茅。或许，故事到这里，应该有一个好的结局，他一定会因为她的努力而感动。但这是一场从一开始就注定错误的相遇。

他们之间的关系在一天天地"变质"。他并非细心人，常常因为工作忽视她。而让她最不能容忍的是，他在所有员工面前对她大呼小叫，甚至变本加厉，一次又一次地拿她"开刀"。她渐渐地凉了心，对他失望了，而他却没有丝毫察觉。

爱情变了质，人便离了心。她开始变得多疑，开始翻看他的电话号码、短信。

他也开始对她冷淡，厌烦她怀疑他、不给他自由、不给他"面子"，争吵越来越多。

这场以爱之名开始的闹剧终于在一个情人节的前夕宣告结束。一次争吵过后，她问："你还爱我如初吗？"他答："我们不能结婚了。"只此一句话，女孩便明白了一切。

她没有告诉任何人，带着简单的行李，带着一颗受伤的心，离开了。这场爱情多么可笑，是他亲自送她到车站的。车站上人潮如海，而此时她却只能看着眼前人，转过身去，他没有看到她流泪的双眼。

最终，他没有等到车来便先离开了。她望着他衣袂飘飘地离去，心中默语：此间不见，便可不爱；此心不念，便可离心。

古往今来，痴心女人负心汉的爱情悲剧总是在不停地上演。都说男人是泥，女人是水，在男人这片沙滩面前，女人总是不由自主地变成一道势不可当的巨浪，迫不及待地冲过来，哪怕最后粉身碎骨，也不后悔。

生活中，很多为了爱而痴狂的女人都为了爱而宁愿委屈自己。但是，最后输的那个人还是委曲求全的女人。因为，女人再多的委曲求全，在不爱她的男人的眼里都是一文不值的。

所以，你可以去爱一个男人，但是不要把自己的全部都赔进去。世上没有任何一个男人值得你用生命去讨好，更不要用痴情去赌明天。

有些花，注定只是用来欣赏的

人这一辈子不可能只爱上一个人，对感情的忠贞和专一不等于盲目坚持或是固执己见。该失去的东西早晚都会失去，既然是错误就不要再苦苦支撑。放开握紧的手，让那份不该属于自己的感情随风而去，还自己一片清新自然的天空。当对一个人寄予过高的希望，你的爱就成了一种压力；当对一段感情过于执着，你的内心就会变得偏激甚至癫狂。

所以，人要有放手的胸怀，要有改变现状的勇气，也要有重新寻找真爱的信念。俗话说，不要在一棵树上吊死。我们的生活本来就是一片充满生机和希望的大森林，何必对那些不值得的人过分执着，而让自己输掉了整片森林呢？

在一次朋友聚会中，阿娟偶然认识了一个男人。两个人一见如故，很快便坠入了爱河。三个月后，两个人开始了同居生活。

起初，两个人的感情发展得很顺利，男人对她特别宠爱，两个人经常在一起畅想甜蜜的未来。这是阿娟第一次正式交男朋友，也是有生以来第一次品尝到爱情带来的满足和幸福。她的内心早已笃定，男友就是她今生一定要嫁的人，所以她把自己所有的希望都寄托在这个男人身上。

但随着两个人相处的时间越来越久，彼此的缺点和毛病也都显现出来了，由此矛盾和争吵也出现了。随着争执越来越多，男友对她逐渐冷漠。有一天，阿娟回家时竟然看到男友正在收拾行李准备搬出去住，她赶忙上前阻拦，可最后还是眼睁睁地看着男友甩门而去。出门前男友告诉她，他们两个人不合适，还是分手吧。

坐在空荡荡的房间里，阿娟的内心感到了从未有过的恐惧和孤独。她想不明白，一直相处得很好的两个人，怎么能随随便便就分了呢？她觉得自己的生活里不能没有男友的陪伴，她相信男友还是爱她的。于是，执着的阿娟决定到男友上班的地方去找他。

也许是对方故意不见她，阿娟在外面足足等了一天，也没有看到男友的身影。就在她精疲力竭的时候，她收到了男友发来的短信："娟，我已经不爱你了，所以我希望你不要再来打扰我的生活。祝你幸福！"

看了短信，阿娟像疯了一样咆哮着："怎么能说不爱就不爱了呢？我不信！我不信！"她哭着飞奔回家，一头倒在床上哭了一晚上。等情绪逐渐平静下来，她开始思考起他们的问题来。她觉得既然是真爱就不应该随便放弃，即使因为一些矛盾两个人之间暂时出现了隔阂，但只要坚持，他们一定能够和好如初。所以她决定再次到男友现在住的地方去找他。

走在路上，阿娟的脑海中一直计划着让男友回心转意的各种方法。可当她走到男友家的楼下时，却被眼前的一幕惊呆了。她看到男友正在和一个女孩甜蜜地抱在一起。阿娟觉得整个人都快爆炸了，她不顾一切地冲了过去，狠狠地扇了那女孩一耳光，并冲那女孩大喊："为什么抢我男朋友？为什么抢我男朋友？"

突如其来的一记耳光，让两个人都吓呆了。待缓过神来，男友愤怒地将阿娟推倒在地，并恶狠狠地对她说："你有病啊？不是早和你说清楚了吗？你怎么还纠缠不放呢？"而倒在地上的阿娟看着他们如胶似漆的样子，再一次疯狂地扑向了他们……

因为推搡和争斗，阿娟走在回家路上时已经是衣冠不整、头发凌乱，脸上和身上也都沾满了尘土。她就像是丢了魂，觉得心里空空的，完全看不到生活的希望。她坐在河边的长椅上，心中感慨万千。她真的已经很累了，只想就这样跳进水里结束自己的生命，让自己从这痛苦中解脱出来。可她又缺少勇气，所以在河边呆呆地坐了很久。

做清洁的大婶看出了阿娟的情绪有些异常，于是赶紧过来坐在了阿娟的旁边，语重心长地对阿娟说："小姑娘，虽然大婶不知道你遇到了什么事，可人活着不管遇到什么事都得往开处想。你看你这年轻漂亮，你的未来一定会很美好，更何况你还有爸爸妈妈和那些爱着你的人，你可千万不能做傻事啊！"听了大婶的话，阿娟扑进大婶的怀里，号啕大哭起来。

爱情是生命中非常重要的组成部分，可是，不管爱情有多重要，它也不能成为生活的全部，人不能因为它而断送自己未来的幸福，甚至结束自己的生命。有些人注定是我们生命中的过客，如果他们选择了离开，那只能说明他们不值得我们去珍惜。让自己重新抖擞精神，继续上路去寻找真正属于自己的幸福，这何尝不是一种对自己负责的表现？不要执着于某个人而不肯放手，不要最后弄得两败俱伤，甚至把自己逼到绝境。

她无可救药地爱上了一个男人，可这份爱就和隐匿在别墅里的她一样，无法光明正大地告诉世人。她知道，他有妻子，有女儿，自己恐怕一生都无法取代她们的位置。可她的心不由自主，就像是着了魔一样，痴迷于他这株迷人而又危险的"罂粟"。

他不常来。每逢他过来时，她总会煮上一壶咖啡，亲手做一些点心。他会细细地品尝，夸赞她的手艺。她喜欢看他抽烟的样子，那修长的手指夹着袅袅的香烟，把一个男人的味道表现得淋漓尽致。她还特意为他准备了一个精美的打火机。每次他拿出烟的时候，她总会娴熟地帮他点上。他含情脉脉地看着她，眼神里全是怜爱。

如果时光就这样凝固，她会觉得自己是世上最幸福的女人。然而，这样的美好就像烟火，瞬间绚烂，而后归入漆黑与冰冷。她最怕听到他的手机响，因为那意味着他要走了。他习惯到隔壁的房间低声地接听电话，可她还是能听见那触动神经的字眼：回家，吃晚饭，孩子……

接完电话，他会抱歉地亲吻她。她心里有一股抑制不住的无名火，像海啸一样无法阻挡，她哭着推开他，赶他走。不知如何安慰的他，总是一声叹息，然后匆匆离去。透过窗口，她看着他开车远去，她孤独地坐在房间里，失声痛哭，累了就倒下睡，醒了还是一个人。她怨恨，为何让他们相遇太迟；她痛苦，为何不能光明正大地在一起；她愤怒，为何自己不能潇洒地离开；她不甘，青春年华就这样付诸东流……曾经，他爱她的温柔、优雅、懂事，可他不知道，爱会把一个女人变得狭隘、自私、不可理喻。

可是，下一次他过来的时候，她依然跟从前一样。喜与悲，就这样交替上演。那些复杂的坏情绪，只能在分开的日子里，自己慢慢消解。

她生日那天，他答应留下，可那恼人的电话又响了。她听出，是他女儿病了。他急匆匆地走了，来不及跟她解释。她哭了，把桌子上的饭菜和蛋糕，统统扔到了地上。发泄过后，她渐渐恢复了理智。

他再来的时候，房间依旧干净美丽，可她却带着行李离开了。桌子上有一个盒子，他打开后发现，竟都是他抽剩下的半支烟。盒子里还有一张字条，上面是她娟秀的字迹：我走了，只带走了我的衣服，这里的一切都留给你，因为它们不属于我。

她醒悟了。一段不属于自己的感情，一个无法陪伴在身边的人，再纠缠下去只会让彼此更加痛苦。她有过愤怒，有过不甘，有过计较，有过埋怨，她不想这些年的情爱与青春，就这样付之东流，草草结束。可现在，她都看开了。

无论曾经如何，至少此刻这个女人的抉择，算得上是理智与聪明的。继续纠缠下去，不甘与愤怒的火焰只会越烧越旺，伤了她，也伤了别人。与其到那时，让对方觉得她不可理喻，倒不如趁着彼此还有美好回忆的时候，转身离去。

草长莺飞、百花争艳的季节，从不属于梅花，在优雅地放手之后，它赢得了傲雪凌霜的美名；争名逐利的官场，从不属于隐者，在从容地放手之后，他们换回了宁静淡泊的生活。人生的路很长，沿途要路过许多风景，其中不乏让你怦然心动、流连忘返的景色。然而，不是所有你喜欢的风景都能属于你，就像林夕写的那样，"谁能凭爱意将富士山私有"。有些风景只能是路过，只能是欣赏，然后继续走自己的路。不要固执地不肯放手，也不必生气别人得到了它，真正属于你的，也许就在前面的路上。

不是每一朵花都能够如期绽放，也并非每一朵开过的花都能结出果实来。对于感情来说，当你爱一个人而得不到回报的时候，在你付出千般努力也无法得到一个许诺的时候，在你因爱而受伤的时候，千万不要再继续与自己"较劲"了，要学会放手，给彼此自由。否则，你得到的只有无尽的痛苦和烦恼。

爱情不是偶像剧，在平淡岁月里默然相守

对于女人来说，人生也许需要一些激荡，需要玫瑰的芬芳与滋润，却不可能长长久久地只追求这种轰轰烈烈的东西。这些绚丽的名词往往只如昙花一现或是烟花燃放，美丽却短暂。所以，对于人生来说，平平淡淡才是真。

很多女人都希望自己的生活能够像偶像剧那样，充满着浪漫的情节与华丽的语言，但那并不是生活的真相。生活的真相是柴米油盐，生活的真相是两个人在一起一天又一天、日复一日、年复一年地在岁月中变老……对于这样的真相，我们无须讶异，也无须失望，我们需要做的是由心地接受它、欣赏它、享受它。

男人捧着一束共99朵红玫瑰，花束中间插着一个玩偶小熊，单膝跪地，一只手伸向女人，手上放着一只闪亮的戒指，对女人说："99朵红玫瑰，代表我们的爱长长久久，这枚戒指代表我对你的爱如金般坚定，如钻石般清透。希望你可以成为我的新娘，和我共度一生。"

女人微微笑着，欣然地伸出手，让男人将戒指套在了自己的无名指上。

婚后，男人的浪漫仍在持续，却渐渐地不如当初那么浓烈，

对此女人体会颇深。到后来，男人在整整一年大大小小的节日里从没给自己送过一束花，生活除了柴米油盐和孩子，几乎没有了任何激情可言。

女人在另外一个男人身上找回了当初的那份激情与浪漫情怀，可是终究还是被发现了。面对丈夫的质问，她说："你说我变了？可是你没发现你也变了吗？婚前你怎么对我的？婚后你怎么对我的？"

男人有些疑惑："婚后我对你不好吗？"

女人说："婚前隔三差五总有鲜花礼物，总有一些小惊喜小浪漫，现在呢？你除了工作就是孩子，我受够了这样的生活，就像喝白开水一样索然无味。"

男人有些委屈地说："生活不就是这样吗？我不工作如何养家、养孩子？你说怕岁月在你脸上留下痕迹，我就少让你进厨房，多给你买护肤品。你说不想带孩子，我就每天接送、辅导他的功课……是啊，也难怪，我把自己搞得如此忙碌，本认为你会清闲一些，多一些自由与空间，我以为我会让你比其他女人幸福些，谁知，我在忙碌中充实、幸福，而你在闲暇中感受到的全是平淡与无味。"

浪漫是什么，激情是什么，在于我们给它的定义是什么。我们的爱情会在时间的洗礼下步入平淡，是选择忍受它的变化，还是选择享受它的发展，亦在于我们的心。

心中有浪漫，心中存感恩，感恩"我和他还在一起，一起看岁月爬上眉梢，一起看孩子慢慢长大，一起看日出日落，一起共眠，一起用餐，一起变老……"因为在一起，所以每一分每一秒所谓的平淡的日子都变得很珍贵。

聪明的女人知道幸福不是冰淇淋，也不是火红的玫瑰，而是一杯淡淡的清茶，甚至是一杯淡而无味却能解人生之渴的白开水。真正懂得幸福、懂得生活的女人，能够从平淡的生活中品味到淡淡的甘甜，并使其久久在心头荡漾……

晚饭的时候，王楠坐在餐桌前没好气地对苏建说："你知道今天是什么日子吗？"

突然的发问，让苏建有些措手不及，他想了半天也没说出答案。

"今天是七夕，中国的情人节，亏你还读了那么多年的书。"王楠埋怨道。

苏建翻了下日历，然后笑着说："果真如此，可那又怎么样呢？"

"我们同事小李，今天收到了一大捧玫瑰花，她男朋友送的。"王楠羡慕地说，"据说一共有99朵玫瑰花，表示天长地久，多浪漫啊！"

苏建没说什么，笑了笑。

"还有阿兰，据说前几天被求婚了，一想到这个我就生气！"王楠气冲冲地说。

"人家被求婚你生什么气？"苏建不解地问。

"人家去的是摩天大厦最顶层的豪华餐厅。开始阿兰并不知道男友要向她求婚，直到服务员把求婚蛋糕送了上来，整个餐厅也同时响起了浪漫的音乐，她未婚夫这才跪在她的面前，掏出了戒指。听说这个惊喜让阿兰流了很久的眼泪。"

"这不是很好的事吗？你干吗要生气？"这下子苏建更不明白了。

王楠白了苏建一眼，没好气地说："你想想你当年向我求婚时去的哪儿？我单位楼下的面馆。一起在面馆吃过晚饭，就随随便便说了句'咱结婚吧'，当时我也是年幼无知，竟然答应了你。可现在想一想，当时连个戒指都没有，我可真是亏了啊！"

苏建听了她的话，不禁哈哈大笑。

王楠已经习惯了苏建的这种"无赖"，也没心情再去和他计较什么，总之在她心里已经认定，自己这辈子也不可能有机会享受这种浪漫的幸福了。

王楠每周三都会去舞馆学习拉丁舞，为的是让自己的身材更好一些。这天晚上下课时，突然下起了雨。王楠没有带雨具，她站在舞馆门口犹豫了很久，正准备打电话向苏建求援，却在滂沱的大雨中看到了苏建的身影。

"你怎么想到来接我？"王楠好奇地问。

"你没看下雨了嘛？"苏建一本正经地说。

"那你又怎么知道我没带伞？"

"你平时总是粗心大意的，一个三天两头出门都会忘记带钥匙的人，会想到出门带伞？我们在一起十几年了，还有谁比我更了解你呀！"说着，苏建把她揽到臂弯里。

王楠的心里顿时涌起一种莫名的温暖。

回到家之后，王楠发现厨房的锅里似乎在煮着什么。

"我给你煮了黄豆芝麻粥，一会儿洗完澡喝一碗吧。"苏建温柔地说。

"为什么要给我煮这个？"

"你平时嘴馋，可又要减肥，回家来总是不吃东西。这样对身体不好，于是我查了一下食谱，说这个粥能达到美容瘦身的功效，而且营养也很充足。所以你喝一点没关系，既不会发胖，对身体也有好处。"

王楠被苏建的话感动了，心里有一种酸酸的感觉。

"你平时都不会做饭，这个粥你是怎么煮熟的？"

"笨蛋，不是有食谱吗？再说，给你煮东西吃，再难我也能学会！"

苏建顽皮的样子，简直像个大孩子。可王楠却沉默了许久，她第一次觉得自己的苏建竟然这么可爱，她也是第一次觉得自己原来是这么幸福。

她喝了一碗粥，坐在沙发上静静地回味着。

是的，被平淡的生活包围着，一些平凡的爱意，总被渴望激情、浪漫的心灵所忽略。爱从来没有固定的模式，浪漫不过是浮在生活表面上的点缀，它们下面的平淡，往往才是最真实的生活，才是真正的幸福。

真正的爱，是寂寞岁月中的相依相伴，是跌倒时的相互搀扶，是回首时不温不火的慢慢诉说。当你看到一对互相挽着手的老人在夕阳下漫步，一定能闻到"执子之手，与子偕老"的幸福味道。

世事纷繁，相比于大千世界、芸芸众生，我们不过是沧海一粟，如小草之于烂漫的春天，小溪之于辽阔的海洋，白云之于无垠的蓝天……这世上惊世骇俗者寥若晨星，多数人都难逃平凡的"宿命"。既然如此，为何不让自己享受这种平淡的日子，在平淡的生活中弹拨出亘古不变的幸福曲调，演绎出生命的从容和本真呢？

爱情没有最好，只有合适

张小娴曾经说过："爱上一种味道，是不容易改变的。即使因为贪求新鲜，去尝试另一种味道，也始终还是觉得原来的那种味道最好，最适合自己。"

邓宁曾认为自己很幸运，找了一个帅哥做男友，那是一个被众姐妹羡慕的"白马王子"。可是结了婚才发现，幸福只是台前的剧目，一旦转到台后，她就得扮演披头散发的"女仆"了。

丈夫比邓宁小三岁，家庭背景很好，又在外资企业里做主管，风度翩翩。但实际上，这个男人外强中干，善于虚张声势，而内心却很自卑。

可是，这个在外被大家"宠坏"的长不大的"孩子"，占有欲又极强。他一次又一次通过对邓宁的征服、欺凌、虐待，来确立自己的权威与魄力。

在这桩外人叫好、内心酸楚的婚姻里，男方不想承担什么责任，也害怕承担责任，可又爱耍大男人的威风，经常使用家庭暴力，打邓宁出气。

更可悲的是，为了不被别人笑话，每次丈夫动粗时，邓宁只有苦苦哀求，求着别打她的脸，因为那样会被别人看到，很丢人。她以为"哀兵"策略会软化丈夫冷酷的心，总以为他会长大，不再"分裂"成截然不同的两种角色。

邓宁这一忍就是近十年。她说，总以为丈夫还小，耍小孩脾气，自己忍一段时间，他会浪子回头的。但她不知道，这种看起来漂亮，但人格不成熟的男人，根本不适合做丈夫。

幸福是一种实实在在的感觉，而不依赖于它光鲜的外表。对待爱情，要忠贞，但不要愚忠；要学会放弃，但不要失去自我。幸福如同穿鞋，是否舒服只有自己知道，而不是做给别人看的。有些幸福，对自己而言，是如此真实，但在外界看来，却不精彩；有些"体面"与"光彩"，人们很看好，但身陷其中的你，却真正体会到"败絮其中"的无奈。这时，你要清醒，要学会保护自己。毕竟，只有你才可以创造幸福！

赵鑫和周敏是一对青梅竹马的恋人。

有一天，赵鑫和周敏手牵着手逛街。走到一家首饰店的门口时，周敏的眼睛一直盯着摆在玻璃柜中的那条心形的金项链，她在心里想："我戴着这条项链肯定很好看。"于是央求着男友把这条项链买下来送给她作为礼物。

赵鑫摸了摸自己的钱包，脸红了。他每个月两千多块钱的工资实在买不起这么昂贵的项链，只好避开周敏恋恋不舍的目光，拉着她走开了。

几个星期以后，周敏的25岁生日到了。赵鑫为女友举行了一个生日派对。在宴会上，赵鑫喝下几瓶啤酒之后，红着脸拿出了给女朋友准备的生日礼物，正是周敏心仪已久的那条心形的金项链。周敏高兴地当众给了赵鑫一个热烈的吻。

赵鑫的脸又红了，用非常低的声音说："不过……这……这项链是铜的……"他的声音虽然很小，但所有的客人都听见了。周敏的脸蓦地涨得通红，感觉自己受到了莫大的侮辱。她把正准备戴到自己那白皙漂亮的脖子上的项链揉成一团随便放在了牛仔裤的口袋里，赌气地举起酒杯："来，喝酒！"直到宴会结束，她都没看男友一眼。

不久，一个叫魏永刚的男人闯进了周敏的生活。他用一种炫耀的口气说，他什么也没有，只有钱。当他把闪闪发光的金饰戴到周敏身上时，也俘虏了她那颗爱慕虚荣的心。两个人打得火热，很快在外面租了一间房子同居了，开始了周敏心中的美丽浪漫的爱情生活。

魏永刚对周敏百依百顺，可谓是要星星不给月亮，让这个涉世未深的女孩感动得一塌糊涂，暗自庆幸自己的选择。可惜好景不长，一段时间以后，周敏怀孕了，当她满脸幸福地准备告诉魏永刚时，却发现魏永刚已经有了别的女人，悄悄地从她的身边离开了。周敏一下子犹如跌进了深渊之中，不知所措。

房东再一次来催周敏缴房租了，而她却一分钱也没有，只好走进了当铺，把自己所有的金饰摆在了柜台上。老板眯着眼睛看了一眼说："你拿这么多镀金首饰来，是不是觉得我们当铺不识货啊？"周敏一下愣住了，犹如一盆冷水浇在自己的头上。这时候老板的眼一亮，扒开一堆首饰，拿出最下面的那条项链说："嗯，这倒是一条真金的项链，值一点儿钱。"她回过神来，看了看那条项链，心里想：这不就是赵鑫送给我的那一条铜项链吗？想起和赵鑫在一起的日子，她泪如雨下。

人生的选择，全在于自己。很多时候，我们选择高大帅气、婀娜美丽，在别人的眼中，我们的那个他（她）很般配，却完全忽视了是否适合，忽视了自己是否快乐，可能已在爱情之路上迷失却不自知。彼此的内心没有呼应，灵魂没有交集，没有共同语言，强撑着外人以为的美好，这样的爱情只会使心很累。

我们不能盲从于世俗的理解，不能选择有钱、有权、有身份、近乎完美的人，而是选择最适合的人。也许他（她）并不完美，却是最适合自己的伴侣。那样的选择，才会带来有质量的恋爱和甜蜜美满的婚姻。

如果爱，就别以爱之名互相伤害

爱情是个永恒的话题，但是真正懂得其内涵的人不多。很多恋人，都在以爱的名义互相伤害着。

1932年夏天，萧红与萧军相识并相恋，成为一对"只羡鸳鸯不羡仙"的文坛情侣。

他们在风雨飘摇的乱世中相濡以沫，度过了六年幸福的时光。每天，萧军都把萧红一个人留在旅馆中，自己出去找工作，赚取两个人的生活费。运气好的时候，萧军能挣回来馒头和大饼，两个人一顿狼吞虎咽。也有时候，萧军出去一整天也没找到活，他们便没钱吃饭，只能饿着肚子相拥而眠。虽然日子过得艰苦，但两个人的内心却是幸福的，萧红曾在文章中这样写道："在人生的路上，总算有一个时期中，我的脚迹旁边，也踏着他的脚迹！"那一段岁月，是萧红一生中最幸福的岁月。

按理说，这样一对恩爱着的人，应该"执子之手，与子偕老"，然而矛盾和冲突还是产生了。

在家庭关系上，他们都要伸张自己的个性。一个拥有极强的女性自尊和一颗敏感自卑的心；另一个是以我为主的大男子主义，主观且自负。他们都太要强了，都不肯为对方做出让步。

于是，萧红只身前往日本，她写信给萧军说："你是这世界上真正认识我和真正爱我的人，也正为了这样，也是我自己痛苦的源泉，也是你的痛苦的源泉。可是我们不能够允许痛苦永久地啮咬着我们，所以要寻求各种解决的法子。"虽然受到了伤害，但她还依然惦记着萧军的生活："现在我告诉你一件事情，在你看到以后一定要在回信上写明，是第一件就要买个软枕头，看过我的信就去买！硬枕头使脑神经很坏。你若不买，来信也告诉我一声，我在这边买两个给你寄去，不贵，而且很软。第二件你要买一件当作被子来用的有毛的那种毯子，就像我带来的那样，不过更该厚点。你若懒得买，也来信告诉我，也为你寄去。还有，不要忘了夜里不要吃东西。"

在分别的日子里，萧军同样对萧红充满了怀念，他在给萧红的信中写道："花盆在你走后是每天浇水的，可是最近忘了两天，它就憔悴了。今天我又浇了它，现在放在门边的小柜上晒太阳。小屋子没有什么好想的，不过，人一离开，就觉得珍贵了。"

他们不是不爱，而是非常相爱，也许正是由于太相爱了吧，敏感脆弱的心灵才更容易受到伤害。最终二人决然分手了。萧红远走香港，年仅31岁便玉殒香江。在最后的时刻，她说："我爱萧军，今天还爱！我们同在患难中挣扎过，他是个非常优秀的作家，可是做他的妻子，却是一件痛苦的事！"

电影《危情男女》中有这样一句话："我们，以爱的名义去伤害爱！"为什么相爱的两个人，却还要伤害对方呢？

最隽永的感情，永远都不是成为对方的"绳索"，以爱的名义互相折磨，而是彼此陪伴，成为对方的"阳光"。

出嫁前一夜，母亲语重心长地对她说："世上没有圆满的婚姻，你要记着他的好，包容他的坏。"

沉浸在幸福与兴奋中的她，嘴上说着知道，其实心里并未真的明白。或许，许多事都是如此，他人的教诲只当是一句话，人唯有亲自饮下那杯水，才知冷暖，才知咸淡。

日子一天天过去，那份兴奋与激动早已淡化。三年后的某个夜晚，她终于"爆发"了。

劳累了一天的她，回到家里想喝一口热水，却发现饮水机里的水桶早已干涸；坐在沙发上，本想躺下来歇会儿，却看见他的袜子团成一团在那儿扔着。她说了太多次，脏衣服放进卫生间的脏衣篓，可他像是听不见。凌乱的卧室，凌乱的客厅，凌乱的厨房，凌乱的心……

做晚饭时，她不小心把手切了，鲜血直流。她眼泪止不住地往外冒，一肚子委屈。她索性关了火，把切了一半的菜丢在案板上。她冲洗了一下伤口，到药箱里找药。路过梳妆镜时，她瞥见一张憔悴而充满怨气的脸。她觉得，婚姻就是爱情的"坟墓"。

房间里没开灯，她一个人坐在黑暗中。九点钟，他加班回来，吓了一跳。他打开灯，跟她开了句玩笑，之后又问："晚上吃什么？"说着，往厨房走去。

她面无表情地说："我为什么要做饭？这样的日子我受够了。我想离婚。"

他在厨房里炒菜，喊着："你说什么？我听不见。"

她又重复了一遍。这一次，他听见了。

他走出来，问道："好好的，怎么说这个？"

她冷笑着说："好好的？你觉得好，有人给你洗衣服做饭，有人跟你一起还房贷。可我觉得不好，我累了，不想这么过了。"

第二天，她把离婚协议丢到桌上，让他考虑。之后，她就回了娘家。

一周之后，他打电话给她，说同意离婚，只是，想跟她一起吃个饭。他的声音有点低沉，能听出些许的伤感和无奈。她以为自己得到这个结果会如释重负，可没想到心里却涌起一阵难过："他就这样不吵不闹地同意了？"

他们相约在一家湘菜馆。几天不见，他瘦了，杂乱的胡茬让下巴看起来略微发青。他拿出那份离婚协议，给了她。她的眼泪在眼眶里打转，从今以后，真的要各自天涯了吗？

"好了，点菜吧！上一天班，这会儿肯定饿了。"他的语气柔和了许多，眼神仿似恋爱时那般温柔。她对服务员说："一份水煮鱼，一份香辣虾。"这两样菜，是她平时最爱吃的。

他笑着说："能不能给我个机会，点个我喜欢吃的？"

"你不爱吃这个吗？"她觉得很奇怪。

"你忘了，我是上海人。我喜欢吃甜的。在一起这么多年，我吃的一直都是自己不太喜欢的东西。可是，你喜欢，我也就跟着吃了。"他笑着说。

她的心像刀绞一样疼，一种愧疚和自责涌了上来。这些年，她从没有主动问过他喜欢什么，她以为只有自己在付出，可不曾想到，他竟然每天都在迁就自己。

他说："离婚之后，这里的东西都归你，我只带走几件衣服。"

她脸上挂着眼泪，问："你要去哪儿？"真的要告别了，她再也控制不住自己。她只想着，离婚后自己要怎么过，却从未想过他要怎么过。

"我想回上海。我的父母年岁大了，身边也没人照顾。每次与你全家一起吃饭的时候，我都很想念我的父母。只是，你喜欢这个城市，你的家在这里，我才留下来。你以后自己过，肯定辛苦，所以我把这里的一切都留给你，房贷还有一部分，我会继续还。"他不像是要离婚，更像是要远行。

她心里很自责，也很不舍。这个与她从相恋到结婚一起走过六年的男人，一直忍受着各种不愉快，包容着各种不完美，在离婚时还在替她着想。她为自己的言行感到愧疚，她说："你为什么不早点告诉我？"

"唉，我不想让你操心，也不想让你改变什么。"

"你……可以不走吗？"她哭着说。

最后，他们牵着手从餐厅走出。此时，她忽然想起母亲当年说的那番话：记着他的好，包容他的坏。回家的路上，她想到那个有点脏、有点乱的家，没有了厌烦，有的只是温暖和思念。

正如有人所言，爱情就好像是跳舞，重要的不是跟上音乐的拍子，而是两个人默契的节奏。

长久的婚姻，就要接纳不完美，相互适应，相互包容。当婚姻走过了激情期，唯有安静的忍耐和包容，才能让幸福恒久绵长；唯有记着对方的好，宽容对方的"坏"，才能执子之手，与子偕老。

你若不爱自己，谁还会爱你

梁晓声曾在一篇文章中写道："倘若有轮回，我愿自己来世为女人。我不祈祷自己花容月貌，不敢做婵娟之梦；我想，我应该是寻常女人中的一个。那么，假如我是一个寻常的女人，我将一再地提醒和告诫自己——决不用全部的心思去爱任何一个男人。用三分之一的心思就不算负情于他们了。另外三分之一的心思去爱世界和生活本身。用最后三分之一的心思爱自己。"

"用最后三分之一的心思爱自己"无法不让人动容。可世间能够做到这一点的女人，却并不多见。尤其是在有了家、有了孩子之后，女人大部分的心思都放在了丈夫和孩子身上，她们心甘情愿地付出，无怨无悔地奉献。

这份爱是伟大的，却让女人的生命或多或少缺失了一点点色彩。当岁月带走了那些美好的年华，再也寻不到任何蛛丝马迹时，看到斑白的两鬓，看到岁月在脸上刻下的痕迹，还有那些未曾实现却始终埋藏在心底的梦之花时，有几人可以毫不犹豫地说一句"我这一生了无遗憾"？

张婷是个活泼开朗的女孩，大学毕业后如愿以偿做了一名导游，走过了世界上很多的城市。经人介绍，她认识了张建，她觉得那就是她心目中的另一半。但是，张婷觉得张建对她若即若离。张婷追问原因，原来，张建觉得她哪里都好，就是工作不够稳定。她常常带团一走少则三五天，多则半个月，将来生活在一起，免不了要影响以后照顾家。张建认为，女孩子嘛，就要在家相夫教子，需要大量的时间照顾家里。为了让喜欢的人高兴，张婷忍痛放弃了自己心爱的职业，辞职了，找了一份文员的工作，朝九晚五，中规中矩，成了张建期待的那种"稳定"的上班族。

张建不喜欢张婷的朋友，觉得他们太闹腾了，张婷就渐渐地和以前的朋友们断了联系，一门心思过起了二人世界。张建喜欢朴素的女孩，于是，张婷也就不再化妆了，甚至连化妆品也不买了……

但是，张婷越来越厌倦现在的生活。上班永远重复着枯燥而又乏味的工作；下了班，永远是柴米油盐，永远是围绕张建转，她好像越来越没有快乐，也越来越没有自己了。她反问自己："我这样做究竟是为了什么？"以前常常带团穿梭在城市之间，虽然辛苦，但是很快乐，每天都有很多乐趣。她静下心来好好思索："恋爱不就是让自己更快乐吗？可是为什么恋爱了，找到了心中的那个他，自己却越来越不快乐了呢？为了讨好张建，放弃了自己以前的生活，过那种天天重复乏味无聊的生活。这值得吗？爱他就要用自己的全部快乐做交换，这到底是爱，还是一种得不偿失的交换？"

这个念头在心里萌生出来之后就再也无法遏制。张婷强烈地感觉到，自己"爱"错了。这种放弃自己的快乐而得到的"爱"不是"爱"，而是一桩失败的"交易"。她应该好好爱自己，过自己想要的生活，做自己喜欢的工作，交和自己志趣相同的朋友，而不是为了一段爱情抛弃这一切。

明白这些后，张婷辞掉了文员工作，并且对张建说："我爱你，但是我不能为了你完全放弃我以前的生活。做导游，才是我最喜欢的事。可是我为了爱你，将自己弄丢了。所以，从今天开始，我想更爱自己一些。"

虽然没能跟心爱的人在一起，但是张婷不后悔。这段经历让她深深明白一个道理：先爱自己，才能爱别人。

人要先爱自己，然后再把自己对别人的爱付诸行动。爱不是在别人身上实现自己的梦想，也不是借助别人之手来满足个人的欲望。爱是肯定自己，尊重自己，让自己的自由、快乐、幸福最大限度地实现。自己过得好，人才会珍惜这份自由，才会懂得如何去爱别人。爱别人，要从爱自己开始。

有人曾说："石头吸引石头，花朵吸引花朵。如此一来，会有一种优雅的、美妙的、充满祝福的关系产生。如果你能够得到这样的关系，那将升华为虔诚的祈祷、极致的喜乐。"爱自己，就要诚实地面对自己真实的感受和欲念，选择自己想要的，不曲意承欢，不委曲求全，不因为刻意讨好别人而压抑自己。

一位知名女星说过："我不怕自己变老，我获得的智慧和成长是上帝送给我最好的礼物，我不感叹青春的流逝，我只想让自己成为无论多少岁都是这个年纪中最棒的女人！"

无论你是资质平平的普通女孩，还是天生丽质的漂亮女人，都请好好地爱自己。我们只有爱自己、珍惜自己，才会小心翼翼地保护自己内心的纯净，才能抵抗外界的诱惑，也才能真诚、健康地爱自己所爱的人，同时也能保证自己的家庭和事业都向着美好而健康的方向发展，这才是生活中真正的幸福。

弗朗索瓦丝·萨冈曾说："总是有这样一段年纪，一个女人必须漂亮才能被爱；也总是会有这样一段时间，她得被人爱了才更美丽。"当你懂得精心地爱自己，就不会畏惧岁月这把无情的"雕刻刀"，而是在岁月中慢慢蜕变出美如珍珠的光华。

第八章

张弛有度，智当辗转凌驾于事

✻ ✻ ✻ ✻

成全别人的同时，也是成全自己

有位哲人曾经说过："给别人一些空间，就是给自己一个世界；给别人一些帮助，就是给自己生机和希望。但是，如果你先前不帮助别人，别人也不会主动帮助你。"

赠人玫瑰，手有余香。女人不能太世故、太自私。很多时候，人保持一颗柔软的心，尽一份微薄之力，并不会失去什么，甚至还有可能从中得到意想不到的收获。

一天傍晚，他驾车回家。在这个中西部的小社区里，要找一份工作是那么难，但他一直没有放弃。

冬天的寒冷渐渐迫近，一路上冷冷清清的。他的朋友们大多已经远走他乡，有的要养家糊口，有的要去实现自己的梦想，而他却选择留了下来。他生于这儿，长于这儿，熟悉这儿的一草一木，这儿也是他父母埋葬的地方。

天渐渐黑了下来，空中还飘起了小雪。正在赶路的他发现路边停靠着一辆车子，一位老太太正站在旁边。他看出老太太需要帮助。于是，他将车开到老太太的车前，停了下来。

虽然他面带微笑，但老太太还是有些担心。一个小时过去了，一直没有人要停下来帮她。他会伤害她吗？他看上去穷困潦倒、饥肠辘辘，不那么让人放心。而他也看出老太太有些害怕，站在寒风中一动不动。"我是来帮助你的，老妈妈。你为什么不到车里暖和暖和呢？顺便告诉你，我叫乔。"他说。

乔绕着车检查了一下，原来是车胎没气了，问题不大，只要从后备箱拿出备用的换上就好了。乔爬到车下面，找了个地方安上千斤顶，又爬下去。他弄得浑身脏兮兮的，还伤了手。当他拧紧最后一个螺母时，老太太摇下车窗，开始和他聊天。她说，她从圣路易斯来，只是路过这儿，对他的帮助感激不尽。乔只是笑了笑，帮她关上后备箱。

老太太问该付他多少钱，出多少钱她都愿意。乔没有想到钱，这对他来说只是帮助需要帮助的人。他说："如果你真想答谢我，就请你下次遇到需要帮助的人时，也给予帮助，并想起我。"

乔等老太太发动汽车上了路，才开车离开。天气寒冷且令人抑郁，但他在回家的路上却特别高兴，开着车消失在暮色中。

沿着这条路行了几英里，老太太看到一家小咖啡馆。她想进去吃点东西，驱驱寒气，再继续赶路回家。

女侍者走过来，微笑着递给她一条干净的毛巾，让她擦干湿漉漉的头发。老太太注意到女侍者已有近8个月的身孕，但她的服务态度没有因为过度的劳累和疼痛而有所改变。

老太太吃完饭，拿出100美元付账，女侍者拿着这100美元去找零钱，而老太太却悄悄出了门。当女侍者拿着零钱回来时，正奇怪老太太去哪儿了，这时她注意到餐巾上有字。字是老太太写的，女侍者眼含热泪地读道："你不欠我什么，我曾经跟你一样。有人曾经帮助我，就像我现在帮助你一样。如果你真想回报我，就请不要让爱之链在你这儿中断。"

晚上，下班回到家，躺在床上，女侍者心里还在想着那钱和老太太写的话，老太太怎么知道她和丈夫那么需要这笔钱呢？孩子下个月就要出生了，生活会很艰难，她知道她的丈夫是多么焦急。当丈夫躺到她旁边时，她给了他一个温柔的吻，轻声说："一切都会好的。我爱你，乔。"

帮助别人往往就是给自己留下生机与希望，每个人都不应该吝惜对别人的帮助。帮助别人的好处不在于得到一些回报，而在于避免发生一些不好的事情。避免不好事情的发生，就是助人为乐的最大益处。

尽你所能去帮助那些需要帮助的人，是一件很简单的事情。不要吝于伸出你的双手，也许你一个简单的动作就能让处于困境中的人看到生命的阳光，感受到人间的温情。

临近下班的时候，派出所里来了一对年轻的小夫妻，他们抱着刚刚出生不久的婴儿，来办理户口登记。民警接过他们递来的资料，发现孩子的姓名的后两个字叫"行善"。民警觉得挺有意思，笑笑说："这个名字很不寻常啊！"

话音刚落，孩子的父亲便接过话茬说："是，这名字有着不寻常的意义。妻子孩子和我，都是'6·22'海难事故的幸存者。"他的解释震惊了满屋子的民警，他们充满期待地等着他讲述这段特别的经历。

2000年6月22日，他和妻子坐在"榕建号"客轮上。那天，海上弥漫着浓雾，什么都看不清，没有一个人会想到，死神正向他们伸出狰狞的手。

就像电影里的画面一样，船身毫无预兆地骤然倾覆。坐在船上的他，大脑当时一片空白。紧接着，他听到了慌乱的喊叫声、哭泣声和呼救声。很多人都不知道到底发生了什么事，他也一样，但求生的本能欲望促使他用力划开水流。他用尽了全身的力气，努力爬上救生艇，仰面朝天喘着粗气，保住了一条性命。

自己活下来了，可他并未感到喜悦，因为他那怀有身孕而不会游泳的妻子还在船上。她还"在"吗？就在他悲伤时，他突然发现水里漂来个"东西"，看上去像是一个女人。她不断地扑腾，想告诉别人她还活着，努力地求救。

他已经很累了，甚至快要虚脱了。一个鲜活的生命在他眼前晃动，"救人"的念头让他忘记了自己的疲惫，他再一次回到水里。他倾尽全力把那个女人救了上来，而自己已经虚弱得睁不开眼，他忘了自己是如何把她拉上救生艇的。

不知过了多久，昏厥的他醒了过来。他看了一眼自己救上来的那个女人，顿时震惊了。而后，两个人抱头痛哭。因为那个女人，正是他的妻子。

办事民警听到这里，正要插嘴说"假如……"，男人便又说道："你一定想问，假如我当时侥幸自保，而不去救人的话……"警察默然，所有人都知道，结果将会如何。但这个看似简单的答案，却关乎两个至亲至爱的生命，所有的结局，只在一念之差。

孩子的母亲说："苍天有眼，助人者天助之。我们给女儿取名'行善'，是纪念她的出生，也是希望她无论在什么样的情况下，都不能放弃哪怕是一次微不足道的行善机会。"

诗人菲利浦·詹姆斯·贝利曾经这样写道："人生不是岁月，而是行为。"

你待人的方式，将决定你失意时别人怎样待你。不少人把行善视为一种宏大的举动，其实不然。作为一个平凡的女人，我们同样能够把自己的善念融入生活中的点点滴滴，给他人带来温暖，同时也滋养自己的心灵。

虽说人与人之间的关系有亲疏远近之别，可不管怎样，别人都和我们一样有生命，有感情，有自尊。成熟的女人，应试着宽容地接纳所有与自己不同的人，处处爱人，处处敬人，不要有任何偏见和轻视。当别人遇到困难或遭遇不幸时，应尽量伸出援助之手，解囊相助。

正所谓"投之以桃，报之以李"，一个人只有大方而热情地帮助和关怀他人，他人才会给予你帮助。要知道，成全别人的同时，你也是在成全自己。

"话莫说尽，事莫做绝"

俗话说："话莫说尽，事莫做绝。"人们大都想在日常生活中表现出自己非凡的特点和才能，但是切不可因为想表现的欲望而把话说尽，把事做"绝"。有谚语说："人情留一线，日后好见面。"意思就是说，为人处世，能够给彼此留有一些余地最好，千万不要把人赶进"死胡同"。

一位外宾在某家星级酒店用餐之后，顺手将一只精美的景泰蓝小碟悄悄地装进了西装口袋。这一幕正好被一位女服务员看到了。

这位女服务员不动声色地走上前去，双手捧着一只装有一对景泰蓝小碟的盒子，对这位外宾说："我发现您对我国的景泰蓝餐具爱不释手，非常感谢您对这种精细工艺品的赏识。为了表达我们的感激之情，经餐厅经理批准，我谨代表酒店，将这对图案更为精美，并经过严格消毒的景泰蓝小碟送给您，并按照酒店的'优惠价格'记在您的账上，您看好吗？"

这位外宾自然听出了女服务员的弦外之音，连声表示感谢，并有些歉意地表示自己刚才多喝了两杯，脑袋有点发晕，误将小碟装进了口袋，然后又顺着女服务员的话接着说："既然这种小碟子没有消毒就不好使用，那我就'以旧换新'吧！"说着，从西装口袋里取出那只小碟，恭恭敬敬地放回到桌上。

这位女服务员的做法既保全了外宾的"面子"，又避免了酒店的损失，更重要的是显示出其过人的素质，"一举三得"。

每个人都有自尊，给对方留了情面，就相当于维护了对方的自尊心。法国一位著名作家曾说过："我没有权利去做或者说任何事以贬抑一个人的自尊。重要的并不是我觉得他怎么样，而是他觉得他自己如何，伤害他人的自尊是一种罪行。"

所以，我们在为人处世中，如果发现对方犯了错误，那么切忌当面指责或与之争辩。最好能通过巧妙的暗示让对方知道自己的错误。这样才不会引起对方极大的反感，也有益于对方主动改正错误，这对于事情最终的解决是有百利而无一害的。

在英国经济大萧条时期，18岁的凯丽好不容易才找到了一份在高级珠宝店当售货员的工作。在圣诞节前夕，店里来了一位30多岁的男子，他衣衫破旧，满脸忧愁，用一种羡慕的目光，盯着店里那些高级首饰。

凯丽在去接电话的时候，不小心把一个碟子碰倒了，顿时六枚价值不菲的钻戒掉到地上。她急忙弯腰捡起其中的五枚，但第六枚却不见踪影。当凯丽抬起头时，她看到那个30多岁的男子正向门口走去，她顿时意识到戒指是被他拿去了。就在男子的手贴近门柄时，凯丽柔声叫道："对不起，先生！"

那男子听了凯丽的叫声后，转过身来，两人相视无言，沉默了几十秒之久。"什么事？"男子问，脸上的肌肉在颤抖，再次问道："什么事？"凯丽神色忧伤地说："先生，这是我的第一份工作，现在找个工作很难，想必您也深有体会，是不是？"

那名男子深思片刻，终于一丝微笑浮现在他脸上。接着，他说："是的，的确如此。不过我敢肯定，你在这里会做得不错。

我可以为您祝福吗？"说完之后，男子向前一步，把手伸向女孩。"谢谢您的祝福。"凯丽也立即伸出手，两双手紧紧握在一起，凯丽用很柔和的声音说："我也祝您好运！"

接着，男子转过身，朝门口走去。凯丽看着男子的身影消失在门外，转身走到柜台，把手中握着的第六枚戒指放回了原处。

不善于给别人"台阶"下，既是害人又是害己。在人生的道路上，谁都不能担保不会陷入尴尬，面对别人尴尬的处境，是幸灾乐祸，落井下石，还是为对方提供一个恰当的"台阶"？这是"恶"与"善"，"愚"与"智"的分水岭，切不可为了自尊与虚荣而不给别人"面子"。

英国王室有一次准备举办一个大型的宴会招待来自印度各地区的首领，一向以稳重、聪明著称的温莎公爵奉命接受了主持宴会工作的任务。他深知女王陛下对这次宴会的重视，也明白宴会独特的政治意义，所以非常注重把握每一个细节，尽量让这个宴会进行得完美。

在温莎公爵的精心安排下，宴会进行得非常顺利，宾主尽欢。在宴会即将结束的时候，细心的温莎公爵还特意命人打来洗手水。不过面对那些用银子精心打造的洗脸盆，印度首领们却误解了主人的意思，以为这是主人给予的清茶，结果都毫不犹豫地端起脸盆，尽情"享用"起来。

宴会上的那些英国皇家贵族看到这一幕目瞪口呆，他们万万没有想到对方会产生这样的误解。可是众人也没有任何办法，在这样的场合下，如果直接提醒对方这是洗手水，那么无疑会极大地伤害客人的自尊心，弄不好还会引起政治争端；但是如果任由

对方喝掉，又感觉像是一种欺骗和侮辱，终究显得不太得体。

就在大家无所适从的时候，温莎公爵微笑着端起精致小巧的脸盆一饮而尽，这时贵族们也纷纷效仿起来，端起来与众人共享。这样一来，尴尬瞬间消于无形，而温莎公爵过人的智慧和高超的交际手段也博得众人的一致赞赏。

如果你可以适时地为陷入尴尬境地的人提供一个恰当的"台阶"，让他挽回"面子"，你会获得别人的好感，为自己树立良好的形象。

比利·山戴曾经在演讲时提到："人们总是喜欢揭他人的短处，而事实上，这是一种极为堕落的做法。一个连自己都无法控制与左右的人，有什么权利去左右他人？"人际交往就是这样，你对别人伶牙俐齿，别人势必对你"以牙还牙"；你以揭别人伤疤为乐，别人肯定加倍为你制造痛苦。你只有给别人留足"面子"，多给别人"台阶"下，别人才会为你"搭台。"

躲开无谓的争论，避免正面冲突

人与人交往，每个人都有说话的权利，每个人也都有发表意见的权利。对于有些人来说，当别人的观点与他的观点不同时，他总试图证明别人的观点是错误的，想尽办法让别人认同自己的观点，这时，就会不可避免地发生争论。其实，有些争论完全是可以避免的，与别人发生无谓的争论，不仅伤害彼此之间的感

情，而且也会破坏自己的形象。

有些人在与他人交往的时候，事事处处都要与对方理论，而且非要赢了对方不可，这样的"抬杠"往往会给对方留下非常不好的印象。

爱争论的人一般表现为不给别人发言的机会，并经常对别人说的话发表不同意见，心理学家说这是一种自恋和逆反心理的表现。有自恋心理的人特别在乎自己的感觉，不会换位思考，更不会替他人着想，觉得什么事都应该自己说了算，别人都应该听自己的，好为人师。

爱争论的人往往都有比较好的口才，思维也比较活跃，与人交谈往往就像一场精彩的辩论。正如事办得好能得到别人的认同，而话说得多不见得就有人愿意听一样。一个会说话的女人会讨人喜欢，但是一个爱争论的女人，则不见得会受欢迎。

人与人之间总是存在着各种差异，出现矛盾也是在所难免的。凡事喜欢与别人争个对错、不分出上下就誓不罢休的人，最终不但会落得个没"人缘"，而且事情也容易办砸。聪明的人都懂得求同存异，在小矛盾中忍让一步，不与人发生口角，这样会更容易获得朋友，生活也会快乐许多。

西方有一位哲人说过："一个人所有器官中最难管教的就是自己的一张在不停说话的嘴。"逞一时口舌之快，也许能为你带来短暂的快意，但也可能给你的生活留下长久的隐患。而一个喜欢和别人争论较劲的女人，也肯定不是一个可爱的女人。

在一个欢迎罗斯爵士的宴会上，大家谈笑风生，气氛非常融洽。其间坐在卡耐基旁边的一位先生讲了一个有趣的故事。在这个故事中，他提到了这样一句话："无论我们如何粗俗，有一个

神，就是我们的目的。"然后他非常自信地说："这句话出自《圣经》。"

卡耐基立刻意识到这位先生说错了，因为他十分肯定这句话不是《圣经》中的，而是出自莎士比亚的一篇文章。于是，卡耐基就指出了这位先生的错误。但这位先生不仅仅没有意识到自己的错误，还继续坚持自己的说法，并坚定地对卡耐基说："不可能。这句话不可能出自莎士比亚的一篇文章，它分明就出自《圣经》！年轻人，是你记错了吧。"

听到那位先生的话，喜欢辩论的卡耐基和那位先生激烈地争论起来。令卡耐基更加懊恼的是，虽然知道自己所说的是正确的，却拿不出任何证据来。看着对方死不认错的样子，卡耐基简直气坏了。

这时候贝琳达夫人刚好走了过来，贝琳达夫人曾经潜心研究过莎士比亚，她一定知道这件事谁对谁错。于是，卡耐基请贝琳达夫人来做个评判。贝琳达夫人坐到卡耐基旁边，听完事情经过后，在桌子底下用脚轻轻地碰了碰卡耐基，然后对大家说："戴尔，是你记错了，这句话不是出自莎士比亚的文章，而是出自《圣经》。"随后，大家满意地举起酒杯庆祝这场辩论会的结束。

当宴会结束的时候，卡耐基不解地对贝琳达夫人说："你是知道的，这句话分明出自莎士比亚的文章，为什么要说我错了呢？"

贝琳达夫人微笑着说："戴尔，不错，这句话的确出自《哈姆雷特》第五幕第二场。但是我们只是客人，为什么要指出对方的错误，难道你这样做对方就会喜欢你吗？我们应该保住对方的'面子'。记住，与人交往要避免正面冲突。"

"墨菲争执定律"说："不要跟一个傻瓜争辩，因为别人分不清你们到底谁是傻瓜！"

很多时候，人们由于意见不同，会不可避免地发生一场争论。你永远要记住，争执永远无法替你赢得自尊，反而会使你自毁形象。所以，无论遇到多么不公正的待遇，你也要冷静处之。那些正在气头上的人，是听不进任何意见的，所以，你不要急于去反驳。众人争辩不休的，只不过是他们自以为是的"道理"，不见得真理就握在他们的手中。要沉下心、稳住神，审时度势，不要一味"抬杠"。这种情况下，最聪明的做法，就是沉默不语。缄默并不等于妥协，你需要的是避开凌厉的话锋，看准时机，再阐述自己的意见。

那些无谓的争论，无论输还是赢都是毫无价值的。当遇到大家为了一个无关紧要的问题争论不休的时候，请记住一定不要参与。因为无论你加入到哪一方，都会得罪另一方。如果你执意要掺和进去，那就会成为众矢之的，所有的话锋立刻都会指向你。与其"腹背受敌"、狼狈不堪，还不如一开始的时候就以"中立者"的姿态出现。相信聪明的女人，一定会懂得这一"中庸"的谈话法则。

不温不火，喜怒不形于色，无论别人怎样对待自己，都要保持心境平和，不要争强好胜。没有必要因为一句争论而伤了和气，躲开争论，就是躲开是非。过于坚持己见，有时只会使你与众人格格不入，或者干脆让人家对你望而生畏，这样的结果绝不是你想看到的。只要是无关原则的问题，我们都没必要让自己卷入争论的僵局。

浑身是"刺"的女人是最令人头痛的，即使美得像玫瑰，也还是让人难以接近。拥有平和心态的女人，更具亲和力。不争执、不辩论，凡事一笑了之，这些聪明的举动，会让女人变得越来越讨人喜爱！

认真聆听，是对别人最好的尊重

在西方流行这样一句谚语：上帝给了我们两只耳朵，却只给了我们一张嘴巴，其用意是要我们少说多听。

人们往往对自己的事更感兴趣，对自己的问题更在乎，也更喜欢自我表现。一旦有人专心倾听我们的话，我们就会感到自己被重视、被尊重、被理解。听话者的态度会直接影响说话者的兴趣。假如你是一个说话者，而你的倾听者没耐心听你讲话，或者把你的话当"耳边风"、随便敷衍，你一定不会感觉良好；相反，如果对方相当重视你的谈话，你肯定会更愿意和对方交流。

美惠大学毕业后，被分配到某旅游景区上班。她在学校读文秘专业，所以对旅游业感到十分陌生。

去景区报到前夕，县旅游局局长语重心长地对美惠说："你刚毕业，在学校发表了不少文章，到景区后可以发挥你的专长，多为景区发展提提点子，多写些旅游宣传管理方面的文章。同时要虚心学习，不懂的地方要多请教领导、同事。做到多听、多学、多思考、多做事，只有这样你才能有所进步。"

当时，旅游开发在那个山区县城刚刚起步。县旅游局成立接待站对景区进行管理。接待站站长姓廖。为了使美惠能尽快适应景区管理，她被廖站长安排到票务部工作。那时，景区管理范围不大，前来参观的游客也不多。每天早晨，美惠先打扫卫生，然后开始上班。廖站长每天都会到票务部检查工作。他是个热情的人，也是个善谈的人。每当别人遇到困难时，他总是及时帮忙解决。但是他有时交办一件事情，本来三言两语就可以说完的，他却要仔细地交代，唯恐别人不清楚。他对待下属也比较严厉。廖站长最大的缺点就是固执。对于一件事情的看法，如果有人的意见和他的不同，即使他的观点是错误的，他也要和对方争个高低。所以在单位里，能够和站长友好相处的人很少。

但是美惠和廖站长却相处得很好，站长对美惠也很信任。原因很简单，美惠尊重站长，做到了多听、多做、少评论。每当站长说话时，美惠总是认真地听他讲，从不插话，并在他谈论的过程中，了解他的观点和意图，然后按照他的意图，努力把事情做好。如果他安排的任务确实无法落实，美惠一般都不急于表态，而是等他冷静后才单独和他交谈，使他改变自己的观点。尤其在有他人在场时，美惠更不和他争执，不提出反对意见。美惠非常清楚一个道理，那就是每个领导都有自尊，当你让领导"下不了台"时，即使你做得再好，领导也会对你有看法。

在后来的工作中，美惠接触了几任景区领导，也深得他们的信任，重要原因之一就是她认真倾听。她在倾听中也学到了很多知识和做人的道理。由于美惠一贯工作出色，加上深得上级的喜爱和信赖，没多久，她就被调到了省旅游局做接待处处长。

美惠作为一个年轻美丽的女性，到了一个陌生的环境，她却没有一般年轻女孩的骄狂和任性，而是懂得放低姿态、虚心学习、冷静处事，更多的时候是做一个好的倾听者。这样的交际方式，使她得到了比别人更多的锻炼和升迁机会。

每个人都认为自己是最重要的，都有迫不及待地表达自己的愿望。在这种情况下，倾听者自然成为最受欢迎的人。许多人之所以不能给人留下良好的印象，正是因为他们不能耐心地做一个很好的听众。所以，如果要别人喜欢你，其中一个原则是：首先做个好听众。

经朋友介绍，重型汽车推销员乔治去拜访一位曾经买过他们公司汽车的顾客。见面时，乔治照例先递上自己的名片："您好，我是重型汽车公司的推销员，我叫……"

才说了不到几个字，该顾客就以十分严厉的口气打断了乔治的话，并开始抱怨当初买车时的种种不快，例如服务态度不好、报价不实、内装及配备不对、交接车的时间等待得过久……

顾客喋喋不休地数落着乔治的公司以及当初的汽车推销员，乔治只好静静地站在一旁，认真地听着，一句话也不敢说。

终于，那位顾客把之前所有的怨气都一股脑地吐光了。当他稍微喘息了一下时，才发现，眼前的这个推销员好像很陌生。于是，他有点不好意思地对乔治说："小伙子，你贵姓啊？现在有没有一些好一点的车型？拿一份目录来给我看看。"

乔治离开时，兴奋得几乎想跳起来，因为他的手上拿着两台重型汽车的订单。

从乔治拿出产品目录到那位顾客决定购买，整个过程中，乔治说的话加起来都不超过10句。临走时，那位顾客对他说："我是看到你非常实在、有诚意又很尊重我，所以才向你买车的。"

因此，在适当的时候，让我们的嘴巴“休息”一下吧，多听听对方的话。当我们满足了对方被尊重的需要时，我们也会因此而获益。

卡耐基曾说：“倾听是对他人最好的恭维，是一种尊重、一份理解，是心与心的交流，是情感与情感的互动。”学会倾听，你才能将自己打造成为人生的智者。在人与人的交往中，每个人都希望别人能倾听自己说话，这是人的一种心理诉求。如果一个人在交际中一直以自我为中心，滔滔不绝地谈论自己，只会让人感到乏味和厌倦。

倾听是一种修养，是一项技巧，是一门沟通的艺术。专心倾听一个人讲话是给予他的最大的尊重、呵护和赞美。每个渴望事业有成的朋友都应该学会倾听。因此，请让自己浮躁的心静一静，去耐心倾听别人的心声，并让倾听成为你化解问题、结交朋友的最有效“武器”吧！

良言一句三冬暖，把话说到心坎里

学会说话，学会把赞美给予渴望被赞美的人、学会用衷心的赞美温暖别人，其实也是在温暖自己。

每个人都喜欢听赞美的话、顺耳的话。文学天才马克·吐温说过：“只要一句赞美的话，我就可以充实地活上两个月。”可见，喜欢听好话、喜欢被赞美是人的天性。

人们大都会因为来自社会或他人的恰当的赞美而感到满足。

当我们听到别人对自己的赞美、欣赏，并感到愉悦和备受鼓舞时，不免会对说话者产生亲近感，从而使彼此之间的心理距离缩短。

1960年，法国前总统戴高乐访问美国，尼克松为其举行宴会。这下可把尼克松夫人忙坏了。她绞尽脑汁想给戴高乐总统留下一个好印象，费了很多周折终于布置了一个美观的鲜花展台：在一张马蹄形的桌子中央，鲜艳夺目的热带鲜花衬托着一个精致的喷泉。心细的戴高乐总统一眼就看出这是女主人为了欢迎他而精心设计的，不禁脱口称赞道："夫人布置的喷泉真漂亮，让夫人费心了。"尼克松夫人听了十分高兴。事后，她说："大多数来访的大人物要么没有注意到这些，要么不屑为此向女主人道谢，而他总是乐于表达自己的谢意和赞美。"

在以后的政治岁月中，不论美法两国之间发生什么事，尼克松夫人始终对戴高乐总统保持着非常好的印象。

可见，一句简单的、得体的赞美他人的话，会产生多么大的作用。

在美国商界，年薪最早超过100万美元的管理者叫查尔斯·斯科尔特。他38岁时被安德鲁·卡内基选拔为新组建的美国钢铁公司的第一任总裁。他说："在如何制造钢铁方面，我手下的许多人都比我懂得多。但是，我有自己独特的能力，即鼓舞员工的能力，这是我拥有的最大资产，我深深了解，能够让一个人发挥出最大能力的方法就是鼓励和赞美。"

人们都希望得到别人的赞美与重视，没有人喜欢受到指责和批评。赞美是一种美德，它不需要付出很大的代价和力气，就能让人感到舒服和享受，给人一种精神上的支持和力量，让绝望失意的人重新鼓起勇气，树立信心。一句赞美的话胜过一剂良药，不仅能给对方带来激励，还会使自己心情舒畅。

郑香玲是一家汽车经销商的服务经理。在公司里，有一位员工的工作情况每况愈下。然而，郑香玲并没有对他进行指责或者威胁，而是把他叫到办公室，跟他进行了坦诚的交谈。

郑香玲说："胡师傅，你是一位很棒的技工，在现在的这条生产线上工作也有好几年啦，你修出来的车子也都让顾客很满意。事实上，有很多人都赞扬你的技术很好。只是最近，胡师傅，你完成一件工作所需的时间好像加长了，而且质量也比不上以前的水准。你以前真是一位杰出的技工。我想，你一定也知道，我对现在这种情况不太满意。也许，我们可以一起来想办法解决这个问题。你认为呢？"

胡师傅说："我并不知道我没有尽好自己的职责，非常感谢您，我向您保证，我一定会胜任我接下来的所有工作的，我以后一定要改进。"

郑香玲委婉的表扬让胡师傅窃喜，他以后不仅更认真负责地工作，对郑香玲这位女领导也更加尊重了。

由此可见，如果你想在把话说好、把事办好的同时还能赢得对方的好感，成为别人喜欢的人，就需要学会赞美的艺术。

艾琳娜是一位律师，有一天和丈夫去异地拜访几个亲友。丈夫留她陪一位老姑妈聊天，自己到别处去见几个年轻亲戚。由于艾琳娜对这位几乎从未见过面的亲戚不了解，所以就想找一些能够拉近他们之间距离的话题。她看到了老姑妈的房子。

"这栋房子有100年的历史了吧？"艾琳娜问道。

"是的。"老姑妈说，"正好100年了。"

艾琳娜说道："这使我想起我们以前的老房子，我是在那里出生的。这房子很漂亮，盖得很好，有很多房间。现在已经很少有这种房子了。"

"我非常同意你的观点。"老姑妈说。

"现在的人已经不在乎房子漂亮不漂亮了。他们只要有个地方住就够了，然后开着车子到处跑。"艾琳娜说道。

"这是一栋像梦一般的房子。"老姑妈的声音有点颤抖了，"这是一栋用爱建造的房子。我的丈夫和我梦想了好几年，它完全是我们自己设计的。"

老姑妈带着艾琳娜到处参观，艾琳娜也真诚地发出赞美。看完房子以后，老姑妈带着艾琳娜到车库去，那里停着一辆派克车，几乎没有使用过。

"这是我丈夫在去世前不久买给我的。"老姑妈轻声说道，"自从他死后，我就没有动过它，你是一个真正懂得欣赏好东西的人，我就把它送给你吧！"

"啊，姑妈。"艾琳娜叫道，"我知道你很慷慨，但是，我不能接受。我已经有了一部新车，而且我们之间并不算很亲密，实在是不能接受。我相信您有许多亲戚很喜欢这部车。"

"亲戚！"老姑妈叫起来，"不错，我是有很多亲戚。但是，他们只是在等我死掉好得到这部车子。他们得不到的！"

"如果你不想送给他们，也可以卖掉啊！"艾琳娜建议道。

"什么！"老姑妈大叫，"你以为我可以忍受让陌生人开着它到处跑吗？这是我丈夫买给我的车子！我做梦都不会把它给卖掉的！我想把它送给你，是因为你懂得鉴赏好东西。"

艾琳娜极力想辞谢这份好意，却又怕伤了这位老姑妈的心。最后艾琳娜因为赞美拥有了这辆很多人都梦寐以求的车。

希望被人赞美是人的天性。威廉·詹姆士说："人类本质里最殷切的需求是：渴望被肯定。"林肯则说："人人都喜欢受人称赞。"在现实生活中，人们大都希望别人欣赏、赞美自己，希望自身的价值得到社会的肯定。

赞美是一种气度，一种胸怀，一份理解，一份关怀，更是一种智慧和境界。赞美会让我们平凡的生活变得更有滋味。所以，从狭小的个人世界中走出来吧，学会发现别人的优点和进步，并试着赞美别人，你就能赢得人心，自己的世界也会变得精彩而幸福。

换位思考方法好

如果你对别人指手画脚，有时候会导致事情走向你所希望的反面。而若是从对方的立场出发，将他的思路引导到你的思路上来，往往会更容易达到你自己的目的。换位思考是一种常用的思考方式，在日常生活中应用得相当普遍。

一个人的"原始观点"是源于一种主观性很强的思维方式，

有些情况下不具有实用性，是片面、独立、不具有现实可行性的，而换位思考则能够让观点的主观性得以淡化，使观点更加全面，更容易被普遍接受。一个人不可能天生具有超强的决策能力，实际上是他后天不断地接受他人的观点，然后加以磨炼，逐步地形成合理的决策方式，换位思考在其中起到了"催化剂"的作用。

换位思考的应用更能让对方认可你，在实际情况下，你如果直接否定对方的意见或观点，往往很难让对方接受。当你站在对方的立场上考虑问题时，你或许能感受到对方观点存在的可能性，再通过对所有这些观点进行整合，从而获得更全面的认识。

罗斯福做纽约州长的时候，与其他政治首脑们感情并不好，却能推行他们最不喜欢的改革，完成了一项项特殊事业。

当有重要位置需要补缺的时候，罗斯福会请政治首脑们推荐人选。

"最初，"罗斯福说，"他们会推荐一个能力很差的人选，一个需要'照顾'的人。我就告诉他们，任命这样一个人，我不能算是一个好的政治家，因为公众不会同意。

"然后，他们向我提出另一个工作不主动的候选人，是来混差事的那种人。这个人工作没有失误，但也不会有什么很好的政绩，我就告诉他们，这个人也不能满足公众的期望，我请他们看看，能不能找到一个更适合这个位置的人。

"他们的第三个提议是一个差不多够格的人，但也不十分合适。

"于是我感谢他们，请他们再试一次。他们这时就提出了我自己选中的那个人。我对他们的帮助表示感谢，然后我说就任命这个人吧。我让他们得到了推荐的人选的功劳……

"我请他们帮我做这些事，为的是使他们愉快，现在轮到他们使我愉快了。"

那些首脑们真的这样做了。

他们赞成各种改革，如公民服役案、免税案等，这使得罗斯福工作愉快。

当罗斯福任命重要人员时，他使首脑们真正地感觉到，是他们"自己"选择了候选人，那个任命是他们最早提出的。

有些事情是我们想做而别人不太同意做的，这时该怎么做呢？来"硬"的来"横"的都可能会使事情更糟，所以这时我们就该先顺着别人的意思，再巧妙地把我们的意图通过他们来实现，以成全我们自己。

顺着别人的意图来，是促成与对方合作的一个前提和推动力量，更重要的是，这样做可以更顺利地达到自己的目的。

尤金·威尔森是专门为一家设计花样的画室推销草图的推销员，对象是服装设计师和纺织品制造商。一连三年，他每个礼拜都去拜访纽约一位著名的服装设计师。"他从来不会拒绝我，每次接见我都很热情，"威尔森说，"但是他也从来不买我推销的那些图纸。他总是很有礼貌地跟我谈话，还很仔细地看我带去的东西。可到了最后总是那句话：'威尔森，我看我们是做不成这笔生意的。'"

经过无数次的挫败，威尔森总结了经验，得出自己太墨守成规的结论。他太遵循老一套的推销方法，一见面就拿出自己的图纸，滔滔不绝地讲它的构思、创意，新奇在何处，该用到什么地方，客户都听得烦了，是出于礼貌才让他说完的。威尔森认识到这种方法已太落后，需要改进。于是他下定决心，每个星期都抽出一个晚上去看处世方面的书，思考为人处世的哲学，以及发展观念。

过了不久，威尔森想出了应对那位服装设计师的方法。他了解到那位服装设计师比较自负，别人设计的东西大多看不上眼。他抓起几张尚未完成的设计草图来到买主的办公室。"鲍勃先生，如果你愿意的话，能否帮我一个小忙？"他对服装设计师说，"这里有几张我们尚未完成的草图，能否请你告诉我，我们应该如何把它们完成，才能对你有用处呢？"那位服装设计师仔细地看了看图纸，发现设计者的初衷很有创意，就说："威尔森，你把这些图纸留在这里让我看看吧。"

几天过去了，威尔森再次来到那间办公室，服装设计师对这几张图纸提出了一些建议；威尔森用笔记下来，然后回去按照他的意思很快就把草图完成了。结果服装设计师大为满意，全然接受。

从那时候起，威尔森总是先去问服装设计师的意见，然后根据他的意见制图纸。许多图纸都被订购了，服装设计师非常满意，因为这相当于他自己设计的。威尔森从中赚了不少的佣金。"我现在才明白，这么多年过去了，为什么之前我和他不能做成买卖，"威尔森若有所思地说，"我在以前总是催促他快买，还告诉他这是应该买的，买了对他很有用。他却不以为然，认为这里不合适，那里不新颖。现在我按他的意思去做，他觉得是自己创造的，实际上还有别人的功劳。这样就满足了他内心中那种渴望——自己的优越感，他再也不能拒绝'他自己的'东西了。这就变成了他要而不是我推销，工作起来就容易多了。"

没有谁愿意被人强迫去做事情，或把别人的意愿强加给自己。因此想办成某事，就要先顺着他人，然后再把本是自己的意图通过他人来实现。

艾登·博格基尼是美国著名的音乐经纪人之一。他曾做过许多世界著名演唱家的经纪人，并且十分成功。由于舆论和社会的吹捧，明星的"身价"十分高，这从客观上使他们形成了一种孤高、不可一世的"气质"。他们那种不合作的态度时常令一些音乐经纪人感到头痛。

卡尼斯·基尔勃格是美国著名的男高音歌唱明星，他那浑厚、激昂的声音赢得了众人的青睐。但因为这种青睐，使卡尼斯·基尔勃格养成了一种坏脾气。但是，艾登·博格基尼却成功地做了他的音乐经纪人达5年之久。说到其中奥妙，艾登·博格基尼讲了一件令他难忘的事。

一次演出的头天晚上，卡尼斯·基尔勃格在与朋友的聚会上不小心吃了一块辣椒。结果可想而知。万幸的是及时采取了措施，没有什么大碍。

但是当天下午4点，卡尼斯·基尔勃格打电话给艾登·博格基尼，说他的嗓子又痛了起来，无法演出。

这下急坏了博格基尼，他立刻赶到基尔勃格的住所，询问基尔勃格的情况。他十分明智，没有提当天晚上的事，只是叮嘱基尔勃格好好休息。

晚上7点，情况仍不见好转，博格基尼对基尔勃格说："既然你仍不能进入状态，那就只好取消这次演出了，虽然这会使你少收入几千美元，但这比起你的荣誉来，算不了什么。"就在博格基尼驱车前往纽约歌剧院，打算取消这次演出时，基尔勃格终于打电话来了，他说他愿意今天晚上参加演出，因为，如果他不这样做的话，他就对不起博格基尼了，是博格基尼的慰藉使他恢复了状态。

想要别人信服你，首先就要真诚地尽量站在对方的立场上看问题。顺着对方的意图来，是促成合作的前提和动力。如果你对别人指手画脚，有时会激起他们的逆反心理，导致事情走向你所希望的反面。而若是从对方的立场出发，将对方的思路引导到你的思路上来，让他站在你所搭建的舞台上，往往会更容易达到你自己的目的。

第九章

红颜不失志，你的安全感来自你自己

❀❀❀❀

所谓的迷茫，就是才华配不上梦想

一个有头脑的女人在事业上迷茫时，一定不是在梦想面前举棋不定、徘徊不前，而是会在才华方面卧薪尝胆，让它日渐“丰满”。

如果你有大才华，就去追求梦想；如果你觉得自己还远远够不着梦想，那就安静下来，从小的失败和挫折中汲取营养，不断提升自我。

有一个年轻人，因为家贫没有读多少书。他去了城里，想找一份工作，可是发现城里没人看得起他。

他决定离开那座城市，并给当时很有名的银行家罗斯写了一封信，抱怨命运对他的不公。

信寄出去了，他一直在旅馆里等，几天过去了，他用完了身上最后一分钱，也将行李打好了包。

这时，房东说有他一封信，是银行家罗斯寄来的。信中，罗斯并没有对他的遭遇表示同情，而是在信里给他讲了一个故事：

在浩瀚的海洋里生活着很多鱼。鱼鳔产生的浮力，使鱼在静止状态时，能够自由控制身体处在某一水层。此外，鱼鳔还能使腹腔产生足够的空间，保护其内脏器官，避免水压过大，内脏受损。可以说，鱼鳔掌握着鱼的生死存亡。

可有一种鱼却是惊世骇俗的"异类"，它天生就没有鳔！而且分外神奇的是，它早在恐龙出现前3亿年前就已经存在于地球上，至今已超过4亿年，它在近1亿年来几乎没有改变。

它就是被誉为"海洋霸主"的鲨鱼。鲨鱼用自己的王者风范、强者之姿，创造了无鳔照样追波逐浪的神话。

那么，究竟是什么让鲨鱼没有鳔却在水中活得游刃有余呢？

经过科学家们的研究，发现因为鲨鱼没有长鳔，一旦停下来，身子就会下沉。它只能依靠肌肉的运动，永不停息地在水中游弋，保持强健的体魄，并练就了一身非凡的战斗力。

最后，罗斯说，这个城市就是一个浩瀚的海洋，你现在就是一条没有鱼鳔的鱼……

那晚，他躺在床上久久不能入睡，一直在想罗斯的信。

第二天，他跟旅馆的老板说："只要给我一碗饭吃，可以留下来当服务生，一分钱工资都不要。"

旅馆老板不相信世上有这么便宜的劳动力，很高兴地留下了他。

10年后，他拥有了令全美国羡慕的财富，并且娶了银行家罗斯的女儿，他就是石油大王哈特。

一个人与其为上天的不公而仰天长叹，不如做一条奋力游动的鲨鱼，化短为长，去打造属于自己的强者之路，去完成自己的人生跨越。

一天，一个衣衫褴褛、满身补丁的年轻人走过一所大楼的工地前，看到一位衣着体面的大老板在指挥现场的工作。他鼓足勇气向对方请教："我如何才能成为像你一样的成功者呢？"

老板看到年轻人，甚感意外，打量了一下，问道："你是做什么的，为何如此狼狈？"

年轻人说："我现在没有工作，只是想利用更多的时间去探究成功人士的成功秘诀，希望这样可以让自己找到成功的捷径。我已经拜访过好多成功人士了，但是终无所成，内心异常焦虑，希望你能够告诉我！"

老板听到此话，哈哈大笑起来，随后就给他讲了一个小故事：

在一个开凿渠道的工地上，共有三个工人。第一个整天懒洋洋地扛着铲子，用不屑的口气对其他的两个人说，自己将来一定要做老板；第二个工人则是天天抱怨工作时间太长，得到的报酬太低；而第三个工人工作时从来没说过什么话，只顾每天低头努力挖渠道。

两年以后，第一个工人仍旧在扛着铲子，依然每天都在不停地嚷着自己以后一定要当老板；第二个工人则找了个借口退休了，从此不再干活了，生活当然也没有过得很好；而第三个工人，最终不仅成了那家公司的大老板，而且让公司的发展更上一层楼。

最后这位老板说："年轻人，不要再将自己置于虚无的幻想中了，埋头苦干才是最重要的。"

看到年轻人满脸的疑惑，老板又看了看四周，回过头来指着那些正在架子上工作的工人，对年轻人说："你看到那些正在干活的人了吗？他们全都是我的工人。我虽然无法记住他们的名字，甚至对很多人都没有印象。但是，你仔细看他们之中，那边那个穿红衣服、脸晒得红红的家伙，以后可能会出人头地的。因为我很早就注意到他，他每天都比其他工人早上班，而且干活比谁都卖力。"随后，老板笑着说："我现在要请他过去做我的监工。我相信，从今天开始他会更加卖力的，说不定在几个月后就会成为我的得力助手。"

人的忧虑、迷惘、焦躁，很多时候都源于一种心理落差，才华配不上梦想，能力跟不上期望。解决这些负面情绪的唯一办法，便是把行动倾注于当下的每一分每一秒。这个世界上并没有什么"救世主"，一切都要靠自己。

美国著名的电影明星帕特·奥布瑞恩在踏入影视界之前，只是一名默默无闻的话剧演员。一次，他参加了一部名为《向上，向上》的话剧表演。

帕特对自己很有信心，他的表演也很到位，可是观众似乎对这样的剧本不感兴趣，第一次演出，剧场里的座位上只到了不足三分之一的观众。后来观众更是越来越少，剧团难以为继，只好将表演场地搬到一个偏僻廉价的小剧院。这样的地方，观众自然寥寥无几，门票收入减少，演员们的薪水也每况愈下。一时间，一种消极的情绪在剧团里蔓延开来，演员们都感觉前途一片渺茫，表演也不再像以前那样卖力了，甚至有人私下里做好了离开剧团的准备。

在大家埋怨时运不济的时候，帕特却从未懈怠过，仍是一如既往地全身心地投入表演，即使台下只有一名观众，他也会百分之百地投入。

一天晚上，剧团来了一个陌生人，坐在最前排看帕特的表演。当帕特表演完，他站起来报以热烈的掌声。帕特以为他只是一名普通的观众，在这个男人走上台来，握着帕特的手自我介绍之后，帕特才知道他竟然是大名鼎鼎的电影导演刘易斯·米尔斯顿。

刘易斯被帕特的演技和敬业精神所折服，当即邀请他参与电影《扉页》的拍摄。从此，帕特在电影界崭露头角，逐渐成为观众喜爱的电影明星。

凡事要脚踏实地去做，不能只耽于空想，不惊于虚声。以实事求是的态度，认真踏实地去做，一路向着梦想，最终一定可以获得更为宝贵的成功。

认真对待工作，不要忽略每一件小事

我们每个人所做的工作，都是由一件件微不足道的小事组成的，但我们不能因为它小就忽视它。事实上，世界上所有的成功者，都与我们做着同样简单的小事，唯一的区别就是，从不认为他们所做的事是简单的小事。

没有人可以一步登天，如果你能够认真地对待每一件事，把平凡的小事做好，那么你的人生之路就会越来越宽，你成就大事的愿望就一定能够实现。

当工宣队开始招生的时候，她还在农村插队。一天，瘦弱的她像往常一样在地里干着繁重的农活。有人把她叫了过去，让她去工宣队报名试试。这一试，使她成为北京外语学院英语系的一名工农兵学员。

然而，她还没来得及欢喜，心中就被阴霾笼罩。因为在班里，她不仅是年龄最大的，还是基础最弱、成绩最差的。

有一次在课堂上，老师问了她一个很简单的问题，第一遍的时候，她没有听懂老师问的是什么，老师问第二遍的时候，她听懂了，却不知道怎么回答。课后，她跑到学校后面的山坡上大哭了一场，她下定决心要成为最好的学生，她对自己说："有什么大不了的，不就是比别人差吗？我努力还不行吗？"

从此，她每天晚上学到深夜，天还没亮就起床读书。在校园一角的那棵大树下，不管天热天冷，都能见到她的身影。她把头一天学的东西翻来覆去，大声地念，大声地背，不记得滚瓜烂熟不罢休。毕业的时候，她如愿成为全年级出类拔萃的学生。

毕业后，她被分配到英国大使馆做接线员。在外人看来，这是一份很没"出息"的工作，而且十分单调、乏味。起初的时候，她还能心平气和地干，可时间一长，她开始感觉十分苦闷和委屈，一个堂堂的外语学院的尖子生，居然做这种枯燥而没有难度的活。

回到家里，她对母亲大吐苦水。听完她的抱怨，母亲没有立即开口劝导她，而是让她去洗卫生间、刷马桶，尽管不情愿，但她还是去做了。可是，地板反复扫了几遍后还是感觉很不干净，马桶刷了几遍也是如此。她不由抱怨说："我没办法了，就这样子了！"

母亲没有说话，而是弄来一些干灰，将它们撒在又脏又湿的地方，干灰把水吸干后再扫，效果果然好了很多。没多久，马桶也像是做了一次"增白面膜"，里面的黄色污垢全不见了。

她不禁夸奖母亲的智慧。这时，母亲对她说："一件事情，你可以不去做；但如果做了，就要动脑筋做好，就要全力以赴。你不能挑你的工作，但你可以有自己的选择，那就是把工作做好。"听了母亲的话，她恍然大悟。

再回到工作岗位后，她仿佛变了一个人。使馆里所有人的名字、电话、工作范围她都牢记于心，她甚至把同事们家属的名字也一一记牢。也正因为这样，使馆里有很多公事、私事都委托她通知、传达和转告。她逐渐变成了一个"留言台""大秘书"。由于为人热情，工作能力出众，她在使馆里成了很受欢迎的人。

她还在工作之余通过读外文报纸、小说，不断提高自己的读、译能力。有一次，英国大使来到电话间，笑眯眯地对她说："你知道吗，最近和我联络的人都恭喜我，说我有了一位英国姑娘做接线员，当我告诉他们接线员是个中国姑娘时，他们都惊讶万分！"大使亲自到电话间来表扬一个接线员，这在英国大使馆可是前所未有的事！

后来，她因工作出色被破格调去英国《每日电讯》记者处当翻译。《每日电讯》当时的首席记者是个被授过勋爵、名气颇大的老太太，能力强，脾气也大，前任翻译就是被这位老太太给

"赶跑"的。她刚去的时候，老太太因为不相信她的实力，坚决表示自己不接受她，后来才勉强同意一试。但是一年后，老太太对她的看法就有了极大的改观。"我的翻译比你的好上10倍。"老太太经常得意地对别人说。

她的名字叫任小萍，从一个"黄毛丫头"到中国驻外国的全权大使，在任小萍的职业生涯中，她的每一个职位都是组织上安排的，但是，不管自己被派到哪里，任小萍都始终坚持尽自己最大的努力把工作做好。

无论从事什么行业，做什么工作，做好工作的前提和保障就是拥有敬业的态度，即用一种恭敬严肃的态度对待自己的工作，一心一意，认真负责，任劳任怨，精益求精。

一天，在一家商店出售皮鞋的柜台前，受雇于这家商店的一个年轻女人正在向人抱怨说，她在这家商店服务已经7年了，但由于这家公司的老板"目光短浅"，她的工作业绩并未得到赏识，她非常郁闷，但同时她似乎对自己很有信心："像我这样一个学历不低、年轻有为的人，还愁找不到一份体面而有前途的工作?!"

她正说着，有位顾客走到她面前，要求看看袜子。这位年轻店员对顾客的请求不理不睬，仍在继续发牢骚，虽然这位顾客已经显出不耐烦的神情，但她还是不理会。最后，等她把话说完了，才转身对那位顾客说："这儿不是袜子专柜。"那位顾客又问，袜子专柜在什么地方。她回答说："你问总服务台好了，他会告诉你怎样找到袜子专柜。"

7年来，这个内心抑郁的年轻女人一直不知道自己为什么没有遇到"伯乐"，没有得到升迁和加薪的机会。2个月后，公司人员调整时，她被解雇了。她非常震惊，也非常激动和气愤。

几个月后，年轻女人原来的同事在一条繁华的商业街上碰见了她，她心情有些沉重，一改往日的"意气风发"。"时下经济不景气，找了几个月都没有找到满意的工作……"她说，"马上要去参加一个面试，虽然工作性质与原来的没有什么不同，薪水也不比原来的高多少，但我还是很珍惜这个面试机会，一定不能迟到。"说完，她便匆匆离去。

也许，如果她懂得珍惜原来的工作机会，富有责任感并努力工作，现在就不需要这样努力地寻找工作了。

一位伟人曾说，人生所有的履历，都必须排在勇于负责的精神之后。责任是使命，责任是动力，一个具有强烈的事业心、责任感，对工作高度负责的人，才可能有强烈的使命感和强大的内在动力，才能勇于担当，才能做好本职工作。

微软公司刚成立的时候，公司里基本上都是些年轻人。搞业务、搞推销的工作，年轻人都很在行，但是做起内务、管理方面的杂事，这些人却不太在行。所以，盖茨想要招一个秘书帮助自己处理这些杂事。

当时很多人应聘，但是盖茨看了应聘资料连连摇头。"难道就没有比这些人更合适的人选了？"盖茨问伍德。伍德犹豫了一下，拿出一份资料递给盖茨。"这位女士做过文秘、档案管理和会计员等不少后勤工作，只是她年纪太大，又有家庭拖累，恐怕……"

不等伍德说完，比尔·盖茨已经看完了那份资料，说："只要她能胜任就行。"就这样，露宝加入了微软公司。虽然年纪大了，而且有许多家庭中的琐事要去应付，但露宝还是以一个成熟女性特有的缜密与周到，尽职尽责地做着自己的工作。露宝把微软公司看成一个大家庭，对公司的每个员工，对公司里的每一件琐事她都非常用心。没过多久，露宝成了微软公司的后勤总管，负责发放工资、记账、接订单、采购等工作。

几年之后，露宝成为微软公司的重要人物。她的出现，增强了微软的凝聚力，盖茨和其他员工对露宝都非常信赖。

很多时候，一个人成功与否是与有无崇高的责任感、使命感联系在一起的。一个成功的人，不仅在顺境中能够承担起较大的责任，更重要的是在风险或危机来临时，能够有勇气站出来，单独扛起更大的责任。

有人说男人的责任重大，事实上女人肩上也担负着很多责任，她们对工作、对家庭、对亲人、对朋友，都有一定的责任。社会学家戴维斯说，放弃了自己对社会的责任，就意味着放弃了自身在这个社会中更好的生存机会。

工作是一个人体现责任感的最佳场所，每一个职位所规定的工作内容都是一份责任。每个人都应该对所担负的工作充满责任感，认真对待，不忽略每一件小事。

热情足以弥补缺陷

爱默生曾经说过："一个人，当他全身心地投入到自己的工作之中，并取得成绩时，他将是快乐而放松的。但是，如果情况相反的话，他的生活则平凡无奇，且有可能不得安宁。"这就是热情的力量。一个人如果不能从每天的工作中找到乐趣，仅仅是因为要生存才不得不从事工作，仅仅是为了生存才不得不完成职责，这样的人注定不会成功。相反，人如果拥有工作热情，那么就可以把枯燥乏味的工作变得生动有趣，使自己充满活力；还可以感染周围的同事，让他们理解你、支持你，拥有良好的人际关系；更可以获得上级的提拔和重用，赢得珍贵的成长和发展的机会。

芬和丽都是某外贸公司的内勤部职员，受金融危机的影响，公司决定裁员，她们都没能逃脱这一厄运。公司规定，她俩要在一个月之后离岗，听到这个消息时，她们的眼圈都红了。

第二天早上，芬的情绪仍然很激动，同事和她打招呼她爱答不理，说话也总是"带刺"，做什么事都提不起劲。她不敢直接找老板去发泄，只能和办公室主任与同事发牢骚："我做错什么了？凭什么把我裁掉……""这对我不公平……"她声泪俱下的样子，惹得周围的人心生同情，但无论大家怎样劝慰她，都没有用。一天下来，她只顾到处申冤诉苦，连自己的本职工作都忘了。原先芬在公司很有"人缘"，可现的她整天愤愤不平，同事们不再像以前那样喜欢和她接触了，甚至有点讨厌她。

而丽在看到裁员名单后，尽管回到家哭了一晚上，但是第二天上班的时候，她表现得和以往没有什么区别。同事不好意思再吩咐她做什么，她却主动揽活。面对大家同情而惋惜的目光，她总是淡然一笑，说自己想站好最后一班岗。每天上班期间，她勤快地打字复印，随叫随到，力求做好自己的分内事。

一个月的时间很快就到了，芬如期下岗，而丽的名字却从裁员名单中被删除了。主任在办公室里向所有同事传达了老板的话："王丽知道自己快下岗了，对工作的热情依然不减，热情是最好的精神气场，只有这样才能做好每一个工作。王丽的岗位，谁也无可替代！像她这样的员工，公司永远都不嫌多！"

一个人只有对工作倾注自己的热情和专注，才能让自己去克服任何困难，才能不断地激励自己，时刻充满热情地去面对每一次挑战，从而为自己的人生谱写更加美丽的篇章。

聪明的女人懂得，长久的工作热情源于自身的不懈努力。全心全意做好自己的本职工作，工作出色，有了不凡的业绩，自然会产生成就感和优越感，也就有了工作的动力。同时，还会赢得别人的尊重，自己也能更上一层楼。

1883年8月19日，在法国的卢瓦尔河畔的索米尔小镇，香奈儿出生了。香奈儿12岁时，母亲去世了，香奈儿在孤儿院度过了黯淡的少年时光。17岁，她来到另一个小镇，进入了修道院。在当时的法国，妇女的地位低下，一个女孩要想在社会上生存，是非常艰难的。孤儿院的生活使她明白，高超的针织手艺对于女性而言非常重要，她可以通过针线活来养活自己。于是，18岁那年，她就到一家商店做了助理缝纫师。

香奈儿的卑微出身和早年生活给她的服装理念打上了深刻的烙印。周围的成年妇女穿的工作服使她相信，妇女需要的不是烦琐的装扮，而是适合她们日益活跃的生活方式的宽松舒适的衣衫。香奈儿认为："女人为造成她们举止不便的服饰所束缚，从而被迫依赖于仆人和男人。"孤儿院穷苦的生活渗入她的设计风格：朴素端庄、简洁大方。

香奈儿开始设计黑帽、白色短衫、领口系雅致的黑领结、简单素洁的短上衣。在她工作的小镇，有许多驻兵，那些朝气蓬勃的骑兵制服给她留下了深刻的印象，这也成为此后她几十年里著名的镶边服装的灵感来源。20多岁时，香奈儿遇上了富有的骑士卡佩尔，1908年，在卡佩尔的资助下，香奈儿开了第一家帽子店，她的帽子宽大实用，受到了许多妇女的欢迎。

1912年，香奈儿趁热打铁，在法国上流社会的度假胜地——诺曼底海边小城开了自己的第一家服装店。很快，她极富个性的运动衫、开领衬衫、短裙、男式雨衣受到了时髦女郎的注意。不仅如此，为了扩大宣传，香奈儿还让自己的姐姐穿上自己设计的新式服装，到城里最繁华的地方吸引妇女们的注意，这差不多是最早的一种广告形式了。香奈儿的事业越来越成功。

1918年，香奈儿的爱人卡佩尔因车祸遇难，但香奈儿依然坚强地发展自己的事业。1924年，她推出了著名的黑色小礼服，掀起了世界服饰的"革命"。她强调衣服的舒适性、方便性和实用性。在第一次世界大战期间，男人上战场，女性负责持家工作，职业妇女渐渐兴起，因此需要较实用的服装，香奈儿的服装正好符合这个趋势，她的事业因而蓬勃发展。

第一次世界大战后，香奈儿认为手工定做服装不适合大众需要，虽然她手头持有约200位有名女性的订单（包括伊丽莎白·泰勒、英格丽·褒曼），但她还是决定投入成衣这个市场，之后，香奈儿企业成为数一数二的服饰大企业。

香奈儿并没有满足于自己取得的成绩，自1920年开始，她开始提倡整体形象。对她来说，一个女人不该只有玫瑰和铃兰的味道，香水会增添女性无穷的魅力。于是，她推出了"香奈儿5号香水"。这是第一支由服装设计大师推出的世纪经典香水。当著名的好莱坞影星玛丽莲·梦露用性感而充满磁性的声音对全世界说"夜里，我只'穿'香奈儿5号"时，全世界都为之疯狂了。

工作热情并不是"身外之物"，也不是看不见摸不着的东西，它是一个人生存和发展的根本，是人自身潜在的财富。具体说来，工作热情是一种洋溢的情绪，是一种积极向上的态度，是对工作的热衷、执着和喜爱。热情是一种力量，使人有能力解决最难的问题；热情是一种动力，推动着人不断前进；热情具有一种带动力，能影响和带动周围更多的人热切地投身于工作之中。

一位伟人曾经说："请用你的所有，换取对这个世界的理解。"而现在，我们要这样说："请用你的所有，换取满腔的热情。"

选你所爱，爱你所选

石油大王洛克菲勒说："如果你视工作是一种乐趣，人生就是天堂。如果你视工作是一种义务，人生就是地狱。"我们从事的工作是单调乏味的，还是充实有趣的，往往取决于我们对待它的心境，只有热爱自己的工作，才能把工作做到最好。

幼儿园的小朋友们喜欢聚在一起嬉戏，有一个小女孩却总是一声不响地坐在角落里，把纸片折叠成各种各样的形状，并乐此不疲。读小学时，她的文化成绩一塌糊涂，只有手工课是优秀。老师家访时忧心忡忡地对她的家长说："或许这孩子的智力有问题。"她的父亲摇了摇头，坚定地说："不，她非常聪明，因为她在手工课上做的环保袋和笔筒是那么漂亮。"

老师离开后，小女孩难过地掉下眼泪。"亲爱的，你一点儿也不笨。"父亲笑着安慰她说，"你还记得我给你讲过的蓝鲸的故事吗？蓝鲸是动物界的巨人，它身形庞大、肥肥壮壮，但是它的喉咙却非常狭窄，只能吞食5厘米以下的小鱼。蓝鲸的这种特点，非常有利于鱼类的繁衍。如果蓝鲸也能吃掉那些大鱼，海洋中的鱼类就都有可能灭绝了。上天并不会偏爱谁，连蓝鲸这样的庞然大物也不例外。"

接着，父亲又给她讲了奥黛丽·赫本的故事："赫本在童年时期，由于家庭贫困，经常忍饥挨饿，甚至一度只能靠喝大量的水填饱肚子，或者用郁金香球茎和一种草做成的'绿色面包'充饥。由于长期营养不良，赫本的身体非常瘦弱，大家都说一阵风就可以把她刮走。赫本梦想当一名电影明星，她的同学们知道后都嘲笑她是在白日做梦，但她仍然不断练习她最爱的芭蕾舞。对于大家的冷嘲热讽，她丝毫不加理会，也从未放弃对梦想的追求。终于，她成功扮演了《罗马假日》中楚楚动人的安妮公主。假如当初赫本因为自己过于消瘦和别人的嘲讽而放弃对梦想的追求，她就不可能成为世界级的影星。"

父亲讲完故事后说："不管是庞大的蓝鲸，还是国际影星，都有他们不完美的一面。这就好像你的其他课程差一点，但是手工却是最棒的，这足以说明你心灵手巧。孩子，你可以选择做自己喜欢的事，并且坚持下去。"

得到父亲的鼓励后，女孩变得自信起来，她不但保持自己对手工的热爱，还开始尝试动手搞一些小发明。几块木板加上铁丝和螺丝钉，在她的手中变成了小巧的板凳。当听到母亲抱怨衣架不好用时，她就尝试着对衣架略加改造，让它成为简单又实用、可以自由变换长度的"万能衣架"。她还在父亲的帮助下，将家里的两辆旧自行车拼起来，做成了一辆双人自行车。

这些小小的发明，伴随着她快乐地成长。在麻省理工学院读书期间，有一次她在超市门前听到两位顾客在抱怨："想要找到空车位，简直比彩票中奖还要难！""如果汽车能折叠起来，那该有多好！"听完她们的抱怨，女孩立刻突发奇想："为什么不去尝试一下呢？也许真的可以。"

回到学校后，女孩便开始大量收集、阅读汽车构造方面的资料，经过反复钻研、思考、画图，半年后，她终于设计出了折叠汽车的图纸。女孩对此欣喜若狂。这时，有同学泼冷水说："别高兴得太早，你根本不懂汽车的生产，你的这些图纸到最后很可能就是一堆废纸。"

女孩笑着说:"我的确不懂汽车的生产,但我可以寻找合作伙伴。"女孩在网上发布了寻求可以合作的商家的帖子。她的帖子很快受到了西班牙一家汽车制造商的关注,他们联系到女孩,并跟她签下合约。

2012年2月,由女孩设计的世界上第一款可以折叠的汽车问世。神奇的折叠汽车有效地解决了车主们停车难的问题,因此一亮相就受到众多车迷的追捧,还没等到批量生产,厂家就收到了大量的订单。

这个女孩就是达利娅·格里。

可见,一个人在事业上取得的成就大小是和兴趣有很大关系的。如果你一直做自己喜欢的工作,你的内心便会充满愉悦和快乐。

一位哲人曾说:"快乐的秘诀,不是做自己喜欢的事,而是去喜欢自己做的事。喜欢自己做的事,事业在其中,快乐也在其中,而追求快乐,不就是人生的大智慧吗?"

生性内向的柳妙毕业于某大学管理系,她一直希望从事比较安静的行政类工作。但是,理想很"丰满",现实很"骨感",柳妙不但和自己喜欢的工作失之交臂,还委曲求全地干上了自己深恶痛绝的销售,这让她很痛苦。

柳妙第一次去拜访客户的时候就"碰了一鼻子灰",她一向自视甚高,从来没有尝过被拒绝的滋味,吃了闭门羹的她大受打击,回到公司后立即向老板提出了辞职。

老板看了辞职报告后,了解了一番柳妙的状况,并没有立即同意她辞职，而是语重心长地对她说："年轻人，你怎么就知道自己干不好这份工作呢？要知道，只要你喜欢上一份工作，那么你肯定就会有所作为的。"

柳妙抱着试一试的态度留了下来，她开始有意识地劝说自己要喜欢销售工作。通过自己的努力，不久之后，柳妙赢得了自己的第一个客户。这次小小的成功让柳妙雀跃不已，她甚至觉得自己也是个了不起的"大人物"，更加坚定了她挑战自己、挑战这份工作的信心。

柳妙学习能力很强，接受新事物也很快。做了半个月，情况开始发生改变，柳妙发现自己面对各种人都能轻松应对，而且谈吐优雅得体，幽默风趣，特别是赢得客户后，心里的那种满足感更是一种享受，"原来，喜欢也不难"，她觉得自己开始爱上了销售工作。

现在，虽然她已经结婚生子，但她还是没有放弃自己的工作。虽然每天的工作很琐碎，家里也要靠自己打理，可她总能在从中捕捉到种种快乐、愉悦。家里井然有序，工作更是非常出色。

很多人像柳妙一样，不喜欢一份工作，是因为对工作了解得不够深入。了解不够，人做起工作来就容易"碰壁"，工作的积极性也容易被打消，容易对工作心生厌恶，误以为自己不喜欢这份工作。所以，当面对一个不熟悉的新工作、新领域，先别忙着逃避、退缩，给自己一段时间去了解它、探究它，努力培养对工作的感情。

不是每一份工作都能够完全符合你的心意，但每一份工作中都有许多宝贵的经验和资源。能不能从中获得快乐，往往在于你是否喜欢它。让自己喜欢上工作，并从心底认同它，你才能全力以赴地去干好工作，当你的工作得到别人的认可的时候，你也就会享受到工作的乐趣了，新的机会和新的岗位自然就向你招手。

美国总统林肯出身贫寒，有人问他为什么他能当上总统，林肯说："每一次获得工作的机会，我都会怀着喜欢的心情加倍去工作，我能干好每一个我干过的职位，所以我也能干好总统这个职位。"

如果你视工作为一种乐趣，人生就是"天堂"；如果你视工作为一种义务，人生就是"地狱"。喜欢你的工作，时刻保持快乐的心境，你才会感觉到工作是快乐的。学会快乐工作的女人是美丽的，也必然能在忙碌中寻找到人生的另一种乐趣。

工作不只是做完，而是要做到尽善尽美

在日常工作中，很多职业女性常常认为，只要准时上班、按点下班、不迟到、不早退就是完成工作，就可以心安理得地去领工资。实际上，每天早出晚归的人不一定是认真工作的人；每天忙忙碌碌的人不一定是圆满完成工作的人；每天按时打卡、准时出现在办公室的人不一定是尽职尽责的人。对于没有端正工作态度的人来说，每天的工作可能是一种负担、一种逃避，他们"当一天和尚撞一天钟"，对工作总是敷衍了事。

在现代职场，听命行事的工作作风已不再得到认可，懂得积

极主动工作的员工才备受青睐。对每一个企业和老板而言，他们需要的绝不是那种遵守纪律、循规蹈矩，却缺乏热情和责任感，不能够积极主动、自动自发工作的员工，而是需要主动了解自己要做什么，并且进行规划，然后全力以赴去完成的员工。如果你想达到或超过你现在老板的成就，那么办法只有一个，那就是培养自己自动自发、全力以赴的工作习惯。

艾琳在花旗银行的一家分公司工作。基层网点基本上都是一些操作性的工作，在业务技能上，她做得非常出色。

有一天，一位知识分子模样的中年男子来取一笔大额存款。艾琳发现那张定期存单没多久就要到期，如果提前支取将损失一大笔利息收入，于是提醒了这位储户。但这位储户说自己实在没办法，因为他预订的住房已到了交款期限。

其实，艾琳完全可以按照储户的要求把钱取给他，但她觉得自己完全能够做得更多一些，于是，她问清楚了储户所订房的楼盘，按照楼盘开发商的付款方式及相关的政策，为他设计了一套更合理的交款办法，解决了储户的燃眉之急。

事情过后没有多久，一家报社的记者采写了一篇关于艾琳的报道，上了报纸头条。原来，那位储户是一家报社的主编。他惊异于艾琳如此年轻，却有这么精明的理财头脑。同时，她的态度乃至气质、风度，在他看来也都近乎完美。他觉得这是一种值得推介的新型银行员工形象。看到报道，银行经理趁势而为，利用艾琳的知名度，组建了以她的名字命名的理财工作室，顺应了社会上开始出现的投资理财的需求，加上她的名字所产生的品牌效应，使得这家理财工作室在全市储户中享有广泛的声誉。

在这个社会上，有两种人不会成大器，一种是除非别人要他做，否则绝不主动做事的人；另一种是即使别人要他做，也做不好事情的人。对于职业女性来说，只有在工作中不需要他人催促就会行动起来的人才能成功，她们懂得要求自己多付出，而且做得比老板期待的更多。

国外有一位著名的投资专家叫约翰·坦普尔顿，他通过大量的观察研究，得出了很重要的"一盎司定律"。他认为，取得突出成就的人与取得中等成就的人几乎做了同样多的工作，他们所做出的努力差别很小，可以用"多一盎司"来形容。但是，就是这微不足道的一点点区别，却让他们的工作成就大不一样。

职场中，只有那些今天比昨天更努力，每天都多做一点的员工，才能抓住宝贵的时间创造事业的成功。如今在公司，个人的工作内容相对比较确定，并不一定有许多"分外"之事让我们去做。当一个人已经完成绝大部分的工作，付出了99%的努力之后，再多加"一盎司"其实并不难。但是，我们缺少的往往却是"多一盎司"所需要的那一点点责任、一点点果决、一点点自动自发的精神。

职业演说大师马克·桑布恩在其著作《邮差弗雷德》中讲述了自己第一次遇见弗雷德的故事。事情发生在马克·桑布恩买下自己平生的第一所房子之后。

"上午好，桑布恩先生！"弗雷德说话非常真诚热情，"我的名字叫弗雷德，是这里的邮递员。我顺道来看看，向您表示欢迎，也介绍一下我自己，同时也希望能对您有所了解，比如您所从事的行业。"

马克·桑布恩收到过很多邮件，但还从没有见过这样热情的邮递员。他心中感到非常温暖，对弗雷德说："我是个职业演说家。"

"如果您是职业演说家，那肯定要经常出差旅行了？"弗雷德问。

"是的，确实如此。我一年总要有160到200天出门在外。"

弗雷德说："既然如此，如果您能给我一份您的日程表，您不在家的时候我可以把您的信件暂时代为保管，打包放好，等您在家的时候再送过来。"

桑布恩觉得没必要这么麻烦："把信放进房前的信筒里就好了，我回家的时候再取也一样的。"

弗雷德解释说："桑布恩先生，窃贼经常会窥探住户的邮箱，如果发现是满的，就表明主人不在家，那您就可能要深受其害了。"

桑布恩被弗雷德的责任心深深震撼了。

弗雷德继续说道："我看不如这样，只要邮箱的盖子还能盖上，我就把信放到里面，别人就不会看出您不在家。塞不进邮箱的邮件，我搁在房门和屏栅门之间，从外面看不见。如果那里也放满了，我就把其他的信留着，等您回来。"

此时，桑布恩不禁暗自琢磨："这人真的是美国邮政的雇员吗？或许这个小区提供特别的邮政服务？不管怎样，弗雷德的建议听起来真是完美无缺，我没有理由不同意。"

一段时间之后，桑布恩出差回来，刚把钥匙插进锁眼，突然发现门口的擦鞋垫不见了。他想不通，难道在丹佛连擦鞋垫都有人偷？不太可能。转头一看，擦鞋垫跑到门廊的角落里了，下面还遮着什么东西。

事情是这样的：在桑布恩出差的时候，快递公司误投了他的一个包裹，放到了另一家的门廊上。幸运的是，弗雷德看到桑布恩的包裹被送错了地方，就把它捡起来送到桑布恩的住处藏好，上面还留了张纸条解释事情的来龙去脉，又费心地用擦鞋垫把它遮住，以避人耳目。

接下来的十年中，桑布恩一直受惠于弗雷德的杰出服务。一旦信箱里的邮件塞得乱糟糟的，那一定是弗雷德没有上班。

工作态度决定一个人的职业高度，工作的质量也往往决定生活的质量。一个人即使没有一流的能力，但只要拥有敬业的精神，同样会获得人们的尊重。即使你的能力无人能比，却没有基本的职业道德，你也一定会遭到社会的遗弃。对于每一位职业女性来说，绝不要满足于普普通通的工作表现，在一丝不苟、忠于职守的基础上，你还应该更努力一些，要求自己在做完本职工作后再多做一些事情，比别人期待的做得更多一点。这样才可以将工作做得更好，为自我提升创造更多的机会。

作为一名职业女性，如果你想登上成功之梯的最高层，就得永远保持主动的精神。主动是一种极珍贵、倍受看重的职业素养。拥有了主动工作的习惯，你就拥有了热情、向上的精神、积极的态度，以及行动的力量，纵使面对缺乏挑战或毫无乐趣的工作，你也能够做到自动自发地工作，并获得成功。

埋头苦干的时候，别忘记"酒香也怕巷子深"

在每年的春季，雄孔雀为了赢得雌性的注意，都会张开色彩绚丽的尾屏，将自己最美丽的一面展现出来，这就是让我们叹为观止的"孔雀开屏"。"孔雀开屏"可谓是一种绝妙的自我推销方式，在恰当的时机把自己最美的一面展现给心仪的配偶，同时也赢得了世人的惊奇和赞叹。

"孔雀开屏"给我们的启示是，一个人才能非凡并不见得就能脱颖而出，更何况很多人的才能还远远达不到让人眼前一亮的程度。因此，即使你是一个成就非凡的人，也要懂得表现自己，善于"推销"自己。弱者等待机会，强者创造机会。这是一条自古以来颠扑不破的真理。

一天，偏僻的小山村突然开进了一辆汽车。这可是件新鲜事，全村人都围了过来。从车上走下来几个人，其中一个穿黑皮夹克的中年男子问大家："你们想不想演电影？谁想演请站出来。"一连问了好几遍，村民们都不说话。

这时，一个十几岁的女孩子站了出来，说："我想演。"她长得并不漂亮，单眼皮，脸蛋红扑扑的，透着一股山里孩子特有的倔强和淳朴。"你会唱歌吗？"中年男子问。"会。"女孩子大方地回答。"那你现在就唱一个。""行！"女孩子开口就唱，一边唱还一边扭："我们的祖国是花园，花园的花朵真鲜艳……"村民大笑。因为她的歌唱得实在不怎么好听，不但跑了调，而且到一半还忘了词。没想到，那中年男子却用手一指："好，就是你了！"

这个勇敢地向前迈了一步的女孩子叫魏敏芝。她幸运地被大导演张艺谋选中，在电影《一个也不能少》中出演女主角，她的名字很快传遍了大江南北。

"酒香不怕巷子深"的时代已经成为过去，今天，主动去表现自己并善于表现自己成为一种新的潮流。善于表现自己是一种自我推销的能力，只有通过自我推销，才能让别人知道你的能力，你才能为自己博取更好的发展机会。

职场上会有这样一种现象存在：辛辛苦苦地加班工作，把所有繁重的事务性工作都揽起来的是一批人，而在年终的表彰大会上"风光"、加薪晋级的，往往又是另外一批人。

你可以把这种不公平归为上司的眼睛不"亮"，同事们"邀功争宠"，可你是否想过，自己的工作方式是不是已经出了问题？

蒋小涵在学校时是有名的才女，不但琴棋书画无所不通，口才与文采也是无人可与之比肩。大学毕业后，在学校的推荐下，她去了一家小有名气的杂志社工作。谁知就是这样一个让学校都引以为自豪的人物，在杂志社工作不到半年就被"炒了鱿鱼"。

原来，在这个人才济济的杂志社内，每周都要召开一次例会，讨论下一期杂志的选题与内容。每次开会很多人都争先恐后地表达自己的观点和想法，只有蒋小涵总是悄无声息地坐在那里一言不发。她原本有很多好的想法和创意，但是她有些顾虑，一是怕自己刚刚到这里便"妄开言论"，被人认为是张扬，是锋芒毕露；二是怕自己的思路不合主编的口味，被人认为幼稚。就这样，在沉默中她度过了一次又一次激烈的争辩会。有一天，她突然发现，这里的人都在力陈自己的观点，似乎已经把她遗忘了。于是她开始考虑要扭转这种局面。但为时已晚，没有人再愿意听她的声音了。在所有人的心中，她已经根深蒂固地成了一个没有实力的"花瓶"人物。最后，她因自己的过分沉默而失去了这份工作。

你是否有过类似的经验：有些同事在会议中总是非常踊跃地发表意见，滔滔不绝，似乎有备而来。事实有可能是，他对提案没有你更熟悉，而且你手上准备的资料也比他更周全。但你从没有机会表达你的意见，结果上级不知道你的存在，更难想象你的专业程度。我们常说"沉默是金"，但也不要忘了，沉默同时也可能是埋没天才的沙土。

刘丽是某中学的青年教师，一直担任学校的英语教学工作。最近学校打算让一批年轻的教师担任班主任，刘丽也在其中。对学校的决定，很多青年教师私下里都有着不同的意见，有的认为自己从来没带过小孩子，担心班主任的工作做不好；有的认为，做班主任虽然能多拿一份补助，但也根本不足以回报自己付出的那份辛苦。唯有刘丽什么也不说，于是大家把她的沉默视为一种"无声的抗争"。

学校的领导了解到大家对这个决定意见很大，就召集几位青年教师连同教育局的几位重要领导一起开了一个座谈会。会议开始的时候，学校领导首先发言道："对于学校最新的决定，我私下里听说，大家有很多不同的意见，所以在这个会上，请大家开诚布公地谈一谈。"领导的话刚刚说完，下面就变得一片寂静了，那些私底下有很多想法的人此时都低下了头。

一直保持沉默的刘丽，这时率先发了言："各位领导，我先谈谈我的看法。其实我们并不是懒怠于工作，不想做班主任，只是有很多实际的问题摆在眼前，我们不得不慎重一点。第一，我们当中很多人，确实只想专精于教学工作，这和每个人的职业规划有关，所以请领导在安排工作时予以充分考虑；第二，我们刚毕业不久，大都没有与小孩子在日常生活中打交道的经验，所以在承担班主任的工作之前，希望学校安排一些经验丰富的班主任对我们进行培训；第三，应该在学生当中做一次调查，看看他们到底需要什么样的班主任，明确我们以后努力的方向……"

刘丽的一席话，让在会的所有人都惊讶不已。当她发言完毕以后，会议室响起一片经久不息的掌声。

刘丽之所以能得到大家的掌声，就是因为她不失时机地开了口。在私下里七嘴八舌地议论，不仅解决不了实际问题，还会影响学校正常的教学秩序，所以刘丽在这时选择沉默；而当别人都选择沉默，不好意思在领导面前开口时，刘丽却有理有据地道出了实情。可想而知，以后的刘丽不仅会成为很多年轻同事心中的榜样，更会给领导留下极为深刻的印象，这不仅对刘丽的个人发展大有好处，对学校未来开展工作也很有帮助，实在算得上是一举多得的好事。

是金子就让它的光芒闪耀出来，让每个人都看见，让自己的闪光点发扬光大，这样你便会很快脱颖而出。每个人都是人才，关键在于如何表现自己。要明白，有能力的人未必就能成功，更重要的还是要会抓住重点，适当表现，这才是"王道"。

亲密有度，和人共享秘密须谨慎

很多女人有一个共同的毛病：肚子里搁不住事，有一点点喜怒哀乐，就总想找个人谈谈；更有甚者，不分时间、对象、场合，见什么人都把心事往外掏。

处理心事要慎重，因为心事的倾吐会泄露一个人的脆弱面。这脆弱面会让人改变对你的印象，虽然有的人欣赏你"人性"的一面，但有的人却可能会因此而下意识地看不起你，最糟糕的是脆弱面被别人掌握，可能会形成他日争斗时你的"致命伤"。这一点不一定会发生，但你必须预防，尤其是在职业场所，闲谈中一定注意不要涉及自己的秘密。

每个人若能在保守秘密这个问题上处理得当，就不会因泄露秘密而把事情搞得复杂化，或者使自己陷入进退两难的地步，从而能够保持良好的个人形象，成就一番事业。

两年前的苏苏是某家公司的办公室文员，工作成绩平平，能力也不突出，但同事们都特别喜欢与她交朋友，还愿意将自己的朋友介绍给她。起初，苏苏的老板以为她"人缘"好是因为工作能力不出众，对其他人来说没有威胁，但后来渐渐发现，这其中还另有原因，她的嘴特别严，不该说的话从来不说，无论怎么央求和诱惑，她都不会将别人的私事说出来。

开始发现苏苏这个习惯的是同一个办公室的小兰。一次，小兰不经意间地向苏苏透露了一些家庭方面的隐私。后来她一直担心这些内容被传出去，但已经说出去的话无法收回。于是，她只好一边埋怨自己嘴快，一边提心吊胆地过日子。几天后，小兰发现另一个部门的一个曾与自己闹过矛盾的女同事正在和苏苏聊天，一副神秘兮兮的样子。她心想，这下可糟了，苏苏该不会把那些话说给她听吧，她可是个"长舌妇"啊！结果，过了半个月，小兰发现自己的隐私并没有在公司里传开，又经过多方探听，她才知道苏苏拒绝了那个女人的请求，没有透露她们谈话的内容。

从那之后，小兰将苏苏当成了很要好的朋友，还把苏苏的这一优点传给了很多同事。久而久之，苏苏就成了广受欢迎的人。朋友们一有知心话都愿意和她说，而她遇到问题，朋友们也会主动帮她解决。这样，苏苏在工作中的成绩也越来越好。而今，老板看重苏苏的品质，将她提升到了经理助理的位置上。既有事业又有朋友的生活，对于苏苏来说无比惬意。

也许你从事的职业不具有机密性，但是对于那些很个人化的东西，还是把它"放在自己的肚子里"为上策。

当你和别人共同拥有一个秘密时，你往往会因这个秘密同对方拴在一起。这对你灵活地处理事情是一个障碍。在处理一件事时，你往往要考虑他的利益，这就可能会使你做出违背原则的事。同时，对方可能会在关键时刻，拿出你的秘密作为"武器"回击你，让你在竞争中失利。

森林里，狐狸垂涎刺猬的美味很久了，但一直苦于刺猬的一身硬刺——只要一靠近，刺猬便蜷成一个大刺球，这让狐狸一点办法都没有。

刺猬和乌鸦是好朋友。一天，刺猬和乌鸦聊天，乌鸦很羡慕刺猬有这么好的铠甲，便说："朋友，你的这一身铠甲真是好啊，就连狐狸都拿你没办法。"刺猬经不起乌鸦的吹捧，对乌鸦说："其实，我的铠甲也不是没有弱点。当我全身蜷起时，在腹部还有一个小眼儿不能完全蜷起。如朝着这个眼儿吹气的话，我受不了痒，就会打开身体。"乌鸦听了不禁惊诧，原来刺猬还有这样一个秘密。刺猬说完后，对乌鸦说："我这个秘密只跟你说了，你可千万要替我保密，要是被狐狸知道了，那我就死定了。"乌鸦信誓旦旦地说："放心好了，你是我的好朋友，我怎么会出卖你呢?"

过了不久，乌鸦落在了狐狸的爪下，就在狐狸要吃掉乌鸦的时候，乌鸦突然想到了刺猬的秘密，便对狐狸说："狐狸大哥，听说你很想尝尝刺猬的美味，只要你放了我，我就告诉你刺猬的死穴。"狐狸眼珠子一转，放了乌鸦，乌鸦便对狐狸说出了刺猬的秘密。

后果可想而知。在刺猬被狐狸咬住柔软的腹部时，它绝望地喊道："乌鸦，你答应替我保守秘密的，为什么要出卖我?"

表面看来，是乌鸦出卖了朋友，但真正出卖刺猬的其实是它自己。它生活在一个充满危险、弱肉强食的世界里，唯一能保护它的就是自己的一身硬刺，而它却经不住赞美，把致命的弱点告诉了乌鸦。

女人大多是感性的，对事件前因后果的考虑往往失于缜密。一不小心，就把自己推向了尴尬与被动。请记住，不要在同事面前说闲话，不要在上司面前诋毁同事，更不要在同事面前表达对上司的不满，要注意亲密有度，谨言慎行。